Mathematische Begriffe und Forme

für die Klassen 5 bis 13 der Gymnasien

von HELMUT SIEBER unter Mitwirkung von L. HUBER

Allgemeine Grundlagen

Aus der Logik (Ergänzungen s. S. 31/32)

Aussage Eine Aussage ist ein sprachliches Gebilde (Satz), von dem man sagen kann, daß sein Inhalt entweder wahr (w) oder falsch (f) ist. w, f heißen **Wahrheitswerte.**

Beispiele: „Rom ist die Hauptstadt Italiens" ist eine Aussage. (w)
„Wie alt ist Rolf?" ist keine Aussage. (weder w noch f)

Aussagenvariable
sind Buchstaben oder andere Zeichen, an deren Stelle Aussagen oder Wahrheitswerte gesetzt werden können (z.B. p, q, r, . . .).

Verknüpfungen

$\neg p$	nicht p	*Negation*
$p \wedge q$	p und q	*Konjunktion*
$p \vee q$	p oder q	*Disjunktion*
(einschließendes oder)		*(Adjunktion, Alternation)*

Wahrheitstafeln

p	q	$\neg p$	$p \wedge q$	$p \vee q$
w	w	f	w	w
w	f	f	f	w
f	w	w	f	w
f	f	w	f	f

Zeichen

$p \Rightarrow q$	wenn p, dann q	*logische Implikation*
$p \Leftrightarrow q$	p genau dann (dann und nur dann), wenn q	*logische Äquivalenz*

Mengen (Gesetze s. S. 33)

$\{a_1, a_2, .., a_n\}$	Menge der voneinander verschiedenen Elemente $a_1, a_2, \ldots, a_n$	
$\{x \mid B(x)\}$	Menge aller x, für die $B(x)$ gilt	
$\{\ \}, \emptyset$	leere Menge (enthält kein Element)	
$a \in M$	a ist Element von M	$a, b \in M \Leftrightarrow a \in M \wedge b \in M$
$a \notin M$	a ist nicht Element von M	
$M = N$	M gleich N (Mengen mit denselben Elementen – Mengengleichheit!)	

		Definition mittels logischer Zeichen:
$M \subset N$	M ist Teilmenge von N	$M \subset N = \{x \mid x \in M \Rightarrow x \in N\}$
$M \supset N$	M ist Obermenge von N	$M \supset N = \{x \mid x \in N \Rightarrow x \in M\}$
$M \cap N$	Schnittmenge von M und N	$M \cap N = \{x \mid x \in M \wedge x \in N\}$
$M \cup N$	Vereinigungsmenge von M und N	$M \cup N = \{x \mid x \in M \vee x \in N\}$
$M \setminus N$	Differenzmenge von M und N (gelesen: M ohne N)	$M \setminus N = \{x \mid x \in M \wedge x \notin N\}$
$\overline{N}_M$, $C_M N$	Komplementmenge von N in M (Spezialfall von $M \setminus N$ für $N \subset M$)	$\overline{N}_M = \{x \mid x \in M \wedge x \notin N\} \wedge N \subset M$
$\overline{M}$	Kurzschreibweise für $\overline{M}_G$ bei bekannter Grundmenge G	
$M \times N$	Produktmenge von M und N	$M \times N = \{(a, b) \mid a \in M \wedge b \in N\}$
$\mathcal{P}(M)$	Potenzmenge von M	$\mathcal{P}(M) = \{T \mid T \subset M\}$

Wichtige Zahlenmengen

$\mathbb{N}$	Menge der natürlichen Zahlen	$\mathbb{N} = \{1, 2, 3, 4, 5, 6, \ldots\}$
$\mathbb{N}_0$	Vereinigungsmenge $\mathbb{N} \cup \{0\}$	$\mathbb{N}_0 = \{0, 1, 2, 3, 4, 5, \ldots\}$
$\mathbb{Z}$	Menge der ganzen Zahlen	$\mathbb{Z} = \{\ldots, -2, -1, 0, 1, 2, \ldots\}$
$\mathbb{Q}$	Menge der rationalen Zahlen	$\mathbb{Q} = \left\{\frac{a}{b} \mid a, b \in \mathbb{Z} \wedge b \neq 0\right\}$
$\mathbb{Q}^+$	Menge der positiven rationalen Z.	$\mathbb{Q}^+ = \{x \mid x \in \mathbb{Q} \wedge x > 0\}$
$\mathbb{Q}^-$	Menge der negativen rationalen Z.	$\mathbb{Q}^- = \{z \mid z \in \mathbb{Q} \wedge z < 0\}$
$\mathbb{R}$	Menge der reellen Zahlen	(siehe auch Zahlenarten S. 2)

w
f
p, q
$\neg$
$\wedge$
$\vee$

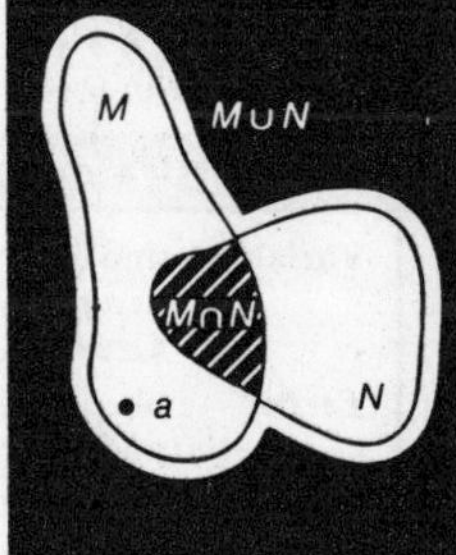

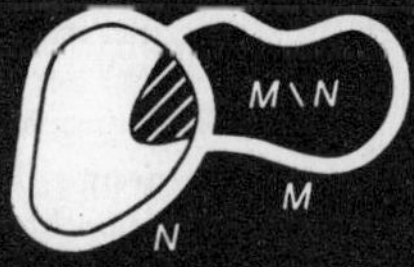

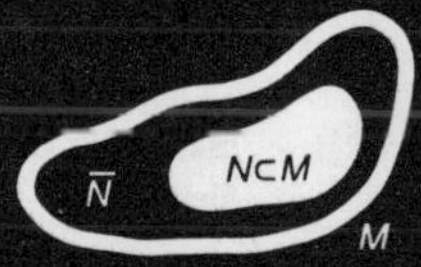

$\mathbb{N}$
$\mathbb{N}_0$
$\mathbb{Z}$
$\mathbb{Q}$
$\mathbb{R}$

Rechnen und Algebra

Prozentrechnen s. S. 8

Zahlenarten

Zahl	und ihre	**Dezimale Schreibweise**
rational	⇔	abbrechend *oder* periodisch (von einer Stelle an)
irrational	⇔	nichtabbrechend *und* nichtperiodisch
reell	⇔	alle Dezimalzahlen

Rechenverknüpfungen (Grundrechenarten)

Verknüpfung	Bezeichnung	a heißt	b heißt	c heißt
$a + b = c$	Addition	Summand	Summand	Summe
$a - b = c$	Subtraktion	Minuend	Subtrahend	Differenz
$a \cdot b = c$	Multiplikation	Faktor	Faktor	Produkt
$a : b = c$ ($b \neq 0$)	Division	Dividend	Divisor	Quotient

Zu jedem $a \in G$ und $b \in G$ (z. B. $\mathbb{N}$, $\mathbb{Z}$, $\mathbb{Q}$) ist durch eine Rechenvorschrift (+, −, ·, :), auch Verknüpfung genannt, ein Verknüpfungsergebnis $c \in G$ bestimmt. (Siehe auch Verknüpfungsgebilde auf S. 36.)

Klammerregeln

1. Was in Klammern steht, ist zuerst auszurechnen.
2. Klammern kann man auf Grund folgender Festsetzungen weglassen:
   a) Die Rechenzeichen · und : binden stärker als + und −.
   b) Potenzen werden vorneweg ausgerechnet.

Beispiele: zu a) $5 + 2 \cdot 3 = 5 + 6 = 11$, jedoch $(5 + 2) \cdot 3 = 7 \cdot 3 = 21$
zu b) $5 + 2^3 = 5 + 8 = 13$, jedoch $(5 + 2)^3 = 7^3 = 343$

( )

Grundbegriffe der Algebra

Variablen sind Buchstaben oder andere Zeichen (z. B. a, b, x, y, △, □, ...), an deren Stelle Elemente (z. B. Zahlen) aus einer gegebenen Menge, der **Grundmenge,** gesetzt werden.

$a,\ b,\ x,\ y$

Term über einer Grundmenge ist ein Ausdruck, der aus Zahlen, Variablen und Rechenausdrücken gebildet ist.

Beispiele: 5; $7 - 2$; $a + 6$; $2b + 9$; $(a + b)^2$; $x^2 - 5x + y$ $(a, b, x, y \in G)$

$2,\ a + 1,\ x^2\ \ y$

Gleichung (Ungleichung)

Werden zwei Terme t_1 und t_2 durch ein Gleichheitszeichen (Ungleichheitszeichen) verbunden, so entsteht eine Gleichung (Ungleichung).
Gleichungen (Ungleichungen) sind spezielle Aussageformen.

$t_1 = t_2$

Lösungsmenge (Erfüllungsmenge) L einer Gleichung (Ungleichung) ist die echte oder unechte Teilmenge der Grundmenge, die genau aus *den* Elementen besteht, welche — anstelle der Variablen gesetzt — die Aussageform zu einer wahren Aussage machen, oder, wie man auch sagt, die Gleichung (Ungleichung) erfüllen. Ist die Lösungsmenge gleich der leeren Menge, so sagt man, die Gleichung (Ungleichung) hat keine Lösung.

L

Beispiele: 1. $5(x - 1) \cdot (x - 2) = 0$ $x \in \mathbb{N}$; $L = \{1; 2\}$
2. $x + 1 = x$ $x \in \mathbb{R}$; $L = \{\ \}$

$L = \{\ \}$

Allgemeingültige Gleichung (Ungleichung)

Ist die Lösungsmenge gleich der Grundmenge, so heißt die Gleichung eine allgemeingültige Gleichung (Ungleichung) bezüglich der Grundmenge.

Beispiele: $2 \cdot (x - 1) = 2x - 2$ $(x \in \mathbb{Z})$; $(a + b)^2 = a^2 + 2ab + b^2$ $(a, b \in \mathbb{R})$

$L = G$

Äquivalenz von Gleichungen (Ungleichungen)

Gleichungen (Ungleichungen) heißen äquivalent, wenn ihre Lösungsmengen übereinstimmen.
Eine Umformung einer Gleichung (Ungleichung) in eine äquivalente heißt Äquivalenzumformung (Zeichen ⇔).

Beispiele: 1. $2(x + 1) = 12 \Leftrightarrow x + 1 = 6 \Leftrightarrow x = 5$ mit $L = \{5\}$. $(G = \mathbb{R})$
2. (1) $x - 6 = \sqrt{x}$ ergibt durch Quadrieren beider Seiten Gleichung
(2) $x^2 - 13x + 36 = 0$ mit $L_2 = \{4; 9\}$. Lösung von (1) ist nur 9, also $L_1 = \{9\}$ (Probe!). $L_1 \neq L_2$, also (1) nicht äquivalent (2).

Grundgesetze

Kommutativgesetze	$a + b = b + a$	$a \cdot b = b \cdot a$	Vertauschung
Assoziativgesetze	$(a + b) + c = a + (b + c)$	$(a \cdot b) \cdot c = a \cdot (b \cdot c)$	Verbindung
Distributivgesetz	$a \cdot (b + c) = a \cdot b + a \cdot c$		Verteilung

Gesetze der Anordnung $(a < b \Leftrightarrow b > a \Leftrightarrow (b - a) > 0)$

Aus $a < b$ folgt: $a + c < b + c$ | $a \cdot c < b \cdot c$, wenn $c > 0$

Aus $a < b$ folgt: $-a > -b$ | $\frac{1}{a} > \frac{1}{b}$, wenn $a > 0$

$<$, $>$

Betrag (Absoluter Betrag)

Definition

$$|a| = \begin{cases} +a, & \text{wenn } a > 0 \\ 0, & \text{wenn } a = 0 \\ -a, & \text{wenn } a < 0 \end{cases}$$

$(+a)$, $(-a)$ mit $a \neq 0$ heißen *Gegenzahlen*
Es ist: $(+a) + (-a) = 0$

Gesetze

$|a + b| \leqq |a| + |b|$ (Dreiecksungleichung)

$|a + b| \geqq ||a| - |b||$

$|a_1 + a_2 + \ldots a_n| \leqq |a_1| + |a_2| + \ldots |a_n|$

$|a|$

Rechnen mit rationalen Zahlen (Bruchrechnen – Nenner stets ungleich Null)

Reziproke Zahlen (Kehrzahlen): $\frac{a}{b}, \frac{b}{a}$; $n, \frac{1}{n}$ Es ist: $\frac{a}{b} \cdot \frac{b}{a} = 1$; $n \cdot \frac{1}{n} = 1$

Gleichheit: $\frac{a}{b} = \frac{c}{d}$ wenn $a \cdot d = b \cdot c$

Erweitern: $\frac{a}{b} = \frac{a \cdot z}{b \cdot z}$ | **Kürzen** $\frac{a}{b} = \frac{a : z}{b : z}$ $(z \neq 0)$

Addition: $\frac{a}{b} + \frac{c}{d} = \frac{ad + bc}{bd}$ | **Subtraktion** $\frac{a}{b} - \frac{c}{d} = \frac{ad - bc}{bd}$

Multiplikation: $\frac{a}{b} \cdot \frac{c}{d} = \frac{ac}{bd}$ | **Division** $\frac{a}{b} : \frac{c}{d} = \frac{ad}{bc}$

$\frac{a}{b}, \frac{b}{a}$

$+, -$

$\cdot, :$

Verhältnisgleichung (Proportion), Proportionalität

Verhaltnisgleichung $a : b = c : d$ $\Leftrightarrow$ Produktgleichung $a \cdot d = b \cdot c$ $\Leftrightarrow$ Quotientengleichung $\frac{a}{b} = \frac{c}{d}$ $(b, d \neq 0)$

Verhältniskette (Quotientengleichheit)

$$\frac{y_1}{x_1} = \frac{y_2}{x_2} = \frac{y_3}{x_3} = \ldots = \frac{y_n}{x_n} = \frac{y}{x} = c$$

y ist proportional zu x;

$$y = c \cdot x$$

c ist der *Proportionalitätsfaktor*

$y = cx$

Termumformungen (allgemeingültige Gleichungen)

Binomische Formeln

$(a + b)^2 = a^2 + 2ab + b^2$
$(a - b)^2 = a^2 - 2ab + b^2$

$a^2 + b^2$ nicht zerlegbar (im Reellen)
$a^2 - b^2 = (a + b)(a - b)$

$(a + b)^3 = a^3 + 3a^2b + 3ab^2 + b^3$
$(a - b)^3 = a^3 - 3a^2b + 3ab^2 - b^3$

$a^3 + b^3 = (a + b)(a^2 - ab + b^2)$
$a^3 - b^3 = (a - b)(a^2 + ab + b^2)$

$(a + b)^4 = a^4 + 4a^3b + 6a^2b^2 + 4ab^3 + b^4$
$(a - b)^4 = a^4 - 4a^3b + 6a^2b^2 - 4ab^3 + b^4$
$a^4 - b^4 = (a - b)(a^3 + a^2b + ab^2 + b^3)$
$a^n - b^n = (a - b)(a^{n-1} + a^{n-2}b + a^{n-3}b^2 + \ldots + b^{n-1})$

Mehrgliedrige Ausdrücke

$(a + b)(c + d - e) = ac + ad - ae + bc + bd - be$

$(a + b + c)^2 = a^2 + b^2 + c^2 + 2ab + 2ac + 2bc$ (a, b, c auch negativ!)

$(a \pm b)^2$

$(a \pm b)^3$

$a^n - b^n$

Lineare Gleichung (Gleichung ersten Grades)

Allgemeiner Fall ($G = \mathbb{R}$) — L: Lösungsmenge

Normalform	$a x + b = 0$	$a x = -b$	$(a, b \in \mathbb{R})$
1. *Fall*	$a \neq 0$	$x = -\frac{b}{a}$	$L = \left\{-\frac{b}{a}\right\}$
2. *Fall*	$a = 0 \wedge b \neq 0$		$L = \{\ \}$
3. *Fall*	$a = 0 \wedge b = 0$		$L = G$

Beispiele zum 2. Fall:
$$5(x+1) = 5x + 7$$
$$5x + 5 = 5x + 7$$
$$0 \cdot x - 2 = 0$$
$$L = \{\ \}$$

zum 3. Fall:
$$5(x+1) = 5x + 5$$
$$5x + 5 = 5x + 5$$
$$0 \cdot x + 0 = 0 \qquad L = G$$
(Allgemeingültige Gleichung)

$ax + b = 0$

Lineare Gleichungssysteme

Das *Gleichungssystem* $\begin{Bmatrix} a_1 x + b_1 y = c_1 \\ a_2 x + b_2 y = c_2 \end{Bmatrix}$ *lösen* heißt:

Es sind diejenigen geordneten Zahlenpaare aus der Grundmenge zu bestimmen, die — anstelle der Variablen x, y gesetzt — alle Gleichungen des Systems befriedigen. Das System hat eine eindeutig bestimmte Lösung, wenn $D = a_1 b_2 - a_2 b_1 \neq 0$.

Dann ist $L = \{(\bar{x}, \bar{y})\}$ mit $\bar{x} = \dfrac{b_2 c_1 - b_1 c_2}{a_1 b_2 - a_2 b_1}$, $\bar{y} = \dfrac{a_1 c_2 - a_2 c_1}{a_1 b_2 - a_2 b_1}$.

Lösungsmethoden: Additions-, Einsetzungs- und Gleichsetzungsverfahren.
(Bei Systemen mit drei Variablen tritt an die Stelle eines Zahlenpaares ein Zahlentripel.)

$\begin{Bmatrix} a_1 x + b_1 y = c_1 \\ a_2 x + b_2 y = c_2 \end{Bmatrix}$

Fallunterscheidungen mit Determinantenmethode (Determinanten s. S. 6):

I. $\begin{Bmatrix} a_1 x + b_1 y = c_1 \\ a_2 x + b_2 y = c_2 \end{Bmatrix}$; $\quad D = \begin{vmatrix} a_1 & b_1 \\ a_2 & b_2 \end{vmatrix}$; $\quad D_1 = \begin{vmatrix} c_1 & b_1 \\ c_2 & b_2 \end{vmatrix}$; $\quad D_2 = \begin{vmatrix} a_1 & c_1 \\ a_2 & c_2 \end{vmatrix}$

Erster Fall: $D \neq 0 \quad L = \{(\bar{x}, \bar{y})\}, \quad \bar{x} = \dfrac{D_1}{D}, \quad \bar{y} = \dfrac{D_2}{D}$

Zweiter Fall: $D = 0$

a) $D_1 = 0 \Leftrightarrow D_2 = 0 \quad L = \{(\bar{x}, \bar{y})\}, \quad \bar{x} = x_1$ beliebig, $\bar{y} = \dfrac{c_1 - a_1 x_1}{b_1}$
(Die Gleichungen sind linear abhängig)

b) $D_1 \neq 0 \Leftrightarrow D_2 \neq 0 \quad L = \{\ \}$
(Die Gleichungen widersprechen sich)

$D \neq 0$

$D = 0$

II. $\begin{Bmatrix} a_1 x + b_1 y + c_1 z = d_1 \\ a_2 x + b_2 y + c_2 z = d_2 \\ a_3 x + b_3 y + c_3 z = d_3 \end{Bmatrix}$ Wenn $D \neq 0$, erhält man $L = \{(\bar{x}, \bar{y}, \bar{z})\}$ mit $\bar{x} = \dfrac{D_1}{D}$, $\bar{y} = \dfrac{D_2}{D}$, $\bar{z} = \dfrac{D_3}{D}$;

$$D = \begin{vmatrix} a_1 & b_1 & c_1 \\ a_2 & b_2 & c_2 \\ a_3 & b_3 & c_3 \end{vmatrix}, \quad D_1 = \begin{vmatrix} d_1 & b_1 & c_1 \\ d_2 & b_2 & c_2 \\ d_3 & b_3 & c_3 \end{vmatrix}, \quad D_2 = \begin{vmatrix} a_1 & d_1 & c_1 \\ a_2 & d_2 & c_2 \\ a_3 & d_3 & c_3 \end{vmatrix}, \quad D_3 = \begin{vmatrix} a_1 & b_1 & d_1 \\ a_2 & b_2 & d_2 \\ a_3 & b_3 & d_3 \end{vmatrix}$$

$D \neq 0$

III. Systeme mit n Gleichungen werden analog gelöst.

Quadratische Gleichung

Normalform: $a x^2 + b x + c = 0 \quad (a \neq 0) \quad L = \{x_1, x_2\}$

Lösungsformel

$$x_{1;2} = \frac{-b \pm \sqrt{b^2 - 4ac}}{2a} = \frac{-\frac{b}{2} \pm \sqrt{\left(\frac{b}{2}\right)^2 - ac}}{a}$$

Normierte Form: $x^2 + px + q = 0$

$$x_{1;2} = \frac{-p \pm \sqrt{p^2 - 4q}}{2} = -\frac{p}{2} \pm \sqrt{\left(\frac{p}{2}\right)^2 - q}$$

Satz von VIETA:

$$x_1 + x_2 = -\frac{b}{a}$$
$$x_1 \cdot x_2 = \frac{c}{a}$$

$$x_1 + x_2 = -p$$
$$x_1 \cdot x_2 = q$$

$ax^2 + bx + c = 0$

$x^2 + px + q = 0$

Potenzen, Wurzeln (Radikand nicht negativ; $m, n, k \in \mathbb{N}$)

a^n

$\sqrt[n]{a}$

Definitionen

$a^n = \underbrace{a \cdot a \cdot a \ldots a}_{n \text{ Faktoren}}$ (a beliebig, $n \in \mathbb{N}$ und $n \geqq 2$); $a^1 = a$; $a^0 = 1$ $(a \neq 0)$

$\sqrt[n]{a} = x \iff x^n = a$ ($a \geqq 0$, $n \in \mathbb{N}$ und $n \geqq 2$, $x \geqq 0$); $\sqrt[2]{a} = \sqrt{a}$; $\sqrt{a^2} = |a|$

Sätze

$a^m \cdot a^n = a^{m+n}$	$\sqrt[n]{a} \cdot \sqrt[n]{b} = \sqrt[n]{a\,b}$	$a^{-n} = \dfrac{1}{a^n}$
$a^m : a^n = a^{m-n}$	$\sqrt[n]{a} : \sqrt[n]{b} = \sqrt[n]{\dfrac{a}{b}}$	$a^{\frac{1}{n}} = \sqrt[n]{a}$
$a^n \cdot b^n = (a\,b)^n$	$\left(\sqrt[n]{a}\right)^m = \sqrt[n]{a^m} = \sqrt[kn]{a^{km}}$	$a^{\frac{m}{n}} = \sqrt[n]{a^m}$
$a^n : b^n = \left(\dfrac{a}{b}\right)^n$	$\sqrt[m]{\sqrt[n]{a}} = \sqrt[mn]{a} = \sqrt[n]{\sqrt[m]{a}}$	$a^{-\frac{m}{n}} = \dfrac{1}{\sqrt[n]{a^m}}$
$(a^m)^n = a^{m\,n} = (a^n)^m$		

(Wurzelsätze sind Potenzsätze mit gebrochenen Hochzahlen!)

Logarithmen (Schreibweise nach DIN 1302)

log

Definition $x = \log_b a \iff b^x = a$ ($a, b > 0$ und $b \neq 1$)

Daraus folgt: $\log_b b = 1$; $\log_b 1 = 0$

Rechengesetze $\log(u \cdot v) = \log u + \log v$; $\log u^n = n \cdot \log u$

$\log \dfrac{u}{v} = \log u - \log v$; $\log \sqrt[n]{u} = \dfrac{1}{n} \cdot \log u$

Zehnerlogarithmen: $\log_{10} x = \lg x$; *Zweierlogarithmen:* $\log_2 x = \operatorname{lb} x$

Natürliche Logarithmen: $\log_e x = \ln x$ mit $e = 2{,}718\,281\,828\,459\,045\,235\,360\ldots$

Umrechnung $\log_b x = \log_b g \cdot \log_g x$ $\qquad \log_b g \cdot \log_g b = 1$

$\lg x = M \cdot \ln x$ $\qquad M = \lg e = 0{,}4342\,9448\ldots$

$\ln x = \dfrac{1}{M} \cdot \lg x$ $\qquad \dfrac{1}{M} = \ln 10 = 2{,}3025\,8509\ldots$

Komplexe Zahlen

$a + bi$

$i^2 = -1$; $\quad i = \sqrt{-1}$; $\quad i^3 = -i$; $\quad i^4 = +1$

$z = a + b\,i = r(\cos\varphi + i\sin\varphi)$; $\quad r = |z| = \sqrt{a^2 + b^2}$; $\quad \tan\varphi = \dfrac{b}{a}$

$z = r(\cos\varphi + i\sin\varphi) = r \cdot e^{i\varphi}$ Eulersche Relation

Rechenoperationen (Verknüpfungen)

$z_1 \pm z_2 = (a_1 \pm a_2) + (b_1 \pm b_2)\,i$

$z_1 \cdot z_2 = r_1 \cdot r_2 \cdot e^{i(\varphi_1 + \varphi_2)} = r_1 r_2 [\cos(\varphi_1 + \varphi_2) + i\sin(\varphi_1 + \varphi_2)]$

$\dfrac{z_1}{z_2} = \dfrac{r_1}{r_2} e^{i(\varphi_1 - \varphi_2)} = \dfrac{r_1}{r_2} [\cos(\varphi_1 - \varphi_2) + i\sin(\varphi_1 - \varphi_2)]$

$z^n = [r(\cos\varphi + i\sin\varphi)]^n = r^n [\cos n\varphi + i\sin n\varphi]$ Satz von Moivre

$\sqrt[n]{z} = \sqrt[n]{a + b\,i} = \sqrt[n]{r}\left(\cos\dfrac{\varphi + k \cdot 360°}{n} + i \cdot \sin\dfrac{\varphi + k \cdot 360°}{n}\right)$

$k = 0, 1, 2, \ldots, (n-1)$; (Hauptwert, wenn $k = 0$)

$\ln z = \ln(a + b\,i) = \ln|z| + i\,\varphi \pm 2\,n\,\pi\,i$ $\qquad \varphi = \arctan\dfrac{b}{a}$ (Hauptwert)

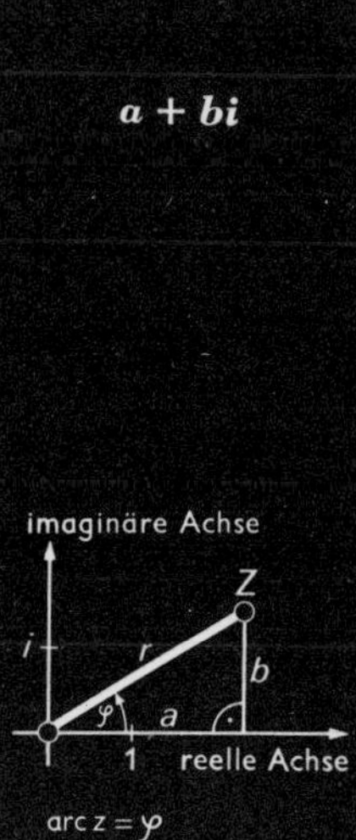

Mittelwerte

Mittelwerte von a und b:	*Definitionen:*	*Zusammenhänge:*
Arithmetisches Mittel	$m_A = \frac{a+b}{2}$	$m_H \leqq m_G \leqq m_A$
Geometrisches Mittel $(a, b > 0)$	$m_G = \sqrt{a\,b}$	$m_G = \sqrt{m_H \cdot m_A}$
Harmonisches Mittel	$m_H = \frac{2\,a\,b}{a+b}$	$\frac{1}{m_H} = \frac{1}{2}\left(\frac{1}{a} + \frac{1}{b}\right)$

Arithmetisches Mittel von $a_1, a_2, \ldots, a_n$: $\quad m_A = \frac{a_1 + a_2 + \ldots + a_n}{n}$

Determinanten

Definition

$$\begin{vmatrix} a_1 & b_1 \\ a_2 & b_2 \end{vmatrix} = a_1\,b_2 - b_1\,a_2; \qquad \begin{vmatrix} a_1 & b_1 & c_1 \\ a_2 & b_2 & c_2 \\ a_3 & b_3 & c_3 \end{vmatrix} = a_1 \begin{vmatrix} b_2 & c_2 \\ b_3 & c_3 \end{vmatrix} - b_1 \begin{vmatrix} a_2 & c_2 \\ a_3 & c_3 \end{vmatrix} + c_1 \begin{vmatrix} a_2 & b_2 \\ a_3 & b_3 \end{vmatrix}$$

hier Entwicklung nach Unterdeterminanten der Elemente der 1. Zeile; andere Entwicklungen nach 1 a oder 2 möglich.

n-reihige Determinanten werden analog entwickelt.

Sätze (für n-reihige Determinanten)

1. Der Wert einer Determinante ändert sich nicht, wenn man
   a) Zeilen (Horizontalreihen) und Spalten (Vertikalreihen) vertauscht,
   b) zu den Elementen einer Reihe das k-fache der entsprechenden Elemente einer parallelen Reihe addiert.
2. Wenn man zwei Parallelreihen miteinander vertauscht, so ändert sich nur das Vorzeichen der Determinante.
3. Sind zwei Parallelreihen gleich oder proportional, dann ist der Wert der Determinante gleich Null.

Polynome n ten Grades

Polynome n ten Grads $\quad P_n(x) = a_n\,x^n + a_{n-1}\,x^{n-1} + \ldots + a_1\,x + a_0$

Satz $\quad$ Für $P_n(x)$ sei $P_n(x_0) = 0$, dann gilt:

$$P_n(x) = (x - x_0)\left(a_n\,x^{n-1} + \ldots - \frac{a_0}{x_0}\right) \qquad (x_0 \neq 0)$$

Anwendung auf die Lösung einer Gleichung 3. Grades:

Für $P_3(x) = x^3 - 6\,x^2 + 11\,x - 6 = 0$ ist $P_3(1) = 0$.
Durch Division erhält man: $P_3(x) : (x - 1) = x^2 - 5\,x + 6 = P_2(x)$.
Lösungsmenge von $P_3(x) = (x - 1)(x^2 - 5\,x + 6) = 0$ ist $L_3 = L_1 \cup L_2$ mit $L_1 = \{1\}$, $L_2 = \{2; 3\}$, wobei L_2 die Lösungsmenge von $P_2(x) = 0$ ist.

Lösungen einer Gleichung $P_n(x) = 0$:

1. Ist n ungerade, so hat die Gleichung *mindestens eine* reelle Lösung.
2. Für beliebiges n gilt:
   Mit $z = a + b\,i$ ist auch $\bar{z} = a - b\,i$ eine Lösung der Gleichung.

HORNERsches Schema $\quad$ Gegeben $P_n(x)$ $\quad$ Gesucht $P_n(x_0)$

a_n	a_{n-1} $+ x_0\,b_n$	a_{n-2} $+ x_0\,b_{n-1}$	… …	a_2 $+ x_0\,b_3$	a_1 $+ x_0\,b_2$	a_0 $+ x_0\,b_1$
$a_n = b_n$	b_{n-1}	b_{n-2}	…	b_2	b_1	$\mathbf{b_0 = P_n(x_0)}$

$b_{n-1} = a_{n-1} + x_0\,b_n; \quad \ldots; \quad b_k = a_k + x_0\,b_{k+1}; \quad \ldots; \quad b_0 = a_0 + x_0\,b_1$

Umformung $\quad P_n(x) = \{[(a_n\,x + a_{n-1})\,x + a_{n-2}]\,x + \ldots + a_1\}\,x + a_0$

zur Berechnung von $P_n(x_0)$ mit elektron. Taschenrechner ohne Speicher

Beispiel: $P_4(x) = 0{,}7\,x^4 + 2{,}1\,x^3 - 3{,}4\,x^2 + 1{,}9\,x - 4{,}5$
$= \{[(0{,}7\,x + 2{,}1)\,x - 3{,}4]\,x + 1{,}9\}\,x - 4{,}5$

$P_4(1{,}6) = \{[(0{,}7 \cdot 1{,}6 + 2{,}1) \cdot 1{,}6 - 3{,}4] \cdot 1{,}6 + 1{,}9\} \cdot 1{,}6 - 4{,}5 = 3{,}02512$

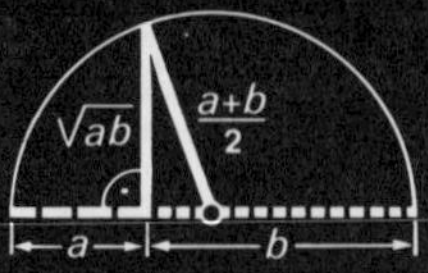

$\begin{vmatrix} a_1 & b_1 \\ a_2 & b_2 \end{vmatrix}$

$P_n(x)$

$P_n(x) = 0$

$P_n(x_0)$

Vollständige Induktion

Eine Aussageform $A(n)$ enthalte das Zeichen $n \in \mathbb{N}$, und es gelte:

a) $A(i)$ ist wahre Aussage für ein $i \in \mathbb{N}$ *(Induktionsanfang)*

b) Aus $A(n)$ wahre Aussage folgt: $A(n+1)$ wahre Aussage *(Induktionsschritt)*

Dann ist $A(n)$ allgemeingültig für alle $n \in \mathbb{N}$ mit $n \geqq i$ *(Induktionsprinzip)*

Beispiel: $A(n)$: Es gilt $1+2+\ldots+n = \frac{1}{2}n(n+1)$ für $n \geqq 2$ und $n \in \mathbb{N}$

a) $A(2)$ ist wegen $1+2 = \frac{1}{2}\cdot 2\cdot(2+1) = 3$ wahr.

b) Aus $A(n)$ ist wahr folgt wegen $1+2+\ldots+n+(n+1) = \frac{1}{2}n(n+1)+(n+1) = \frac{1}{2}(n+1)(n+2)$, daß $A(n+1)$ wahr ist.

Damit ist $1+2+\ldots+n = \frac{1}{2}n(n+1)$ allgemeingültig für alle $n \geqq 2$.

$A(n) \Rightarrow A(n+1)$

Binomischer Satz, Fakultät, Abschätzungen

Binomischer Satz

$$(a+b)^n = a^n + \binom{n}{1}a^{n-1}b + \binom{n}{2}a^{n-2}b^2 + \ldots + \binom{n}{n-1}ab^{n-1} + \binom{n}{n}b^n$$

Binomialkoeffizienten

$$\binom{n}{k} = \frac{n(n-1)(n-2)\ldots(n-k+1)}{1\cdot 2\cdot 3\cdot \quad \ldots \quad \cdot k} = \frac{n!}{k!\,(n-k)!}$$

$$\binom{n}{0} = 1; \qquad \binom{n}{1} = n; \qquad \binom{n}{n} = 1; \qquad \binom{n}{k} = \binom{n}{n-k}$$

$$\binom{n}{k-1} + \binom{n}{k} = \binom{n+1}{k}; \quad \binom{k}{k} + \binom{k+1}{k} + \cdots + \binom{n}{k} = \binom{n+1}{k+1}$$

$$\binom{n}{0} + \binom{n}{1} + \binom{n}{2} + \cdots + \binom{n}{n} = 2^n$$

(*Eine* Deutung: Anzahl der Teilmengen einer Menge mit n Elementen)

Fakultät $n! = 1\cdot 2\cdot 3\cdot \cdots \cdot n$; Definition: $0! = 1! = 1$

BERNOULLIsche Ungleichung

$$(1+x)^m > 1+mx \quad \text{für } m \geqq 2 \wedge x \neq 0 \wedge x > -1$$

CAUCHY-SCHWARZsche Ungleichung

$$(a_1b_1 + a_2b_2 + \cdots + a_nb_n)^2 \leqq (a_1^2 + a_2^2 + \cdots + a_n^2)\cdot(b_1^2 + b_2^2 + \cdots + b_n^2)$$

$(a+b)^n$

$\binom{n}{k}$

$n!$

Potenzsummen

$$1 + 2 + \cdots + n = \sum_{k=1}^{n} k = \frac{1}{2}n(n+1)$$

$$1^2 + 2^2 + \cdots + n^2 = \sum_{k=1}^{n} k^2 = \frac{1}{6}n(n+1)(2n+1)$$

$$1^3 + 2^3 + \cdots + n^3 = \sum_{k=1}^{n} k^3 = \frac{1}{4}n^2(n+1)^2$$

$$1^4 + 2^4 + \cdots + n^4 = \sum_{k=1}^{n} k^4 = \frac{1}{30}n(n+1)(2n+1)(3n^2+3n-1)$$

$a_n = a_1 q^{n-1}$

$\lim = 0 \quad |q| < 1$

$\sum_{k=1}^{n} k^2$

Folgen, Reihen

Folge $a_1, a_2, \cdots, a_n$

Reihe $a_1 + a_2 + \cdots + a_n = \sum_{k=1}^{n} a_k = s_n$

Arithm. Reihe $s_n = a_1 + a_2 + a_3 + \ldots + a_{n-1} + a_n$ (n Glieder)

Differenz $d = a_n - a_{n-1} = \ldots = a_3 - a_2 = a_2 - a_1 =$ konstant

Endglied $a_n = a_1 + (n-1)d$; k tes Glied: $a_k = a_1 + (k-1)d$

Summe $s_n = \frac{n}{2}(a_1 + a_n) = \frac{n}{2}[2a_1 + (n-1)d]$

Geom. Reihe $s_n = a + aq + aq^2 + \ldots + aq^{n-2} + aq^{n-1}$ (n Glieder)

Quotient $q = \frac{a_n}{a_{n-1}} = \frac{a_{n-1}}{a_{n-2}} = \ldots = \frac{a_3}{a_2} = \frac{a_2}{a_1} =$ konstant

Endglied $a_n = aq^{n-1}$; k tes Glied $a_k = aq^{k-1}$

Summe $s_n = a\frac{q^n - 1}{q - 1} = a\frac{1 - q^n}{1 - q}$ ($q \neq 1$)

Unendliche geometrische Reihe $s = \lim_{n\to\infty} s_n = \frac{a}{1-q}$ (wenn $|q| < 1$, da hierfür $\lim_{n\to\infty} q^n = 0$)

s_n

q

$\frac{a}{1-q}$

$S_n = 2+4+6+\ldots+2n = n(n+1)$

$S_n = 1+3+5+\ldots+(2n-1) = n^2$

$1+2+3+\ldots+n = \frac{n\cdot(n+1)}{2}$

Prozentrechnen

Prozentsatz $p\,\% = \frac{p}{100}$

Prozentwert W	Grundwert G	Prozentsatz $p\%$
$W = \frac{G \cdot p}{100}$	$G = \frac{W \cdot 100}{p}$	$p\% = \frac{W}{G} \cdot 100\%$

Beispiel: Wenn $W = 51$ m, $p\% = 17\%$, dann: $G = \frac{51\text{ m} \cdot 100}{17} = 300$ m

Zinsrechnen

Jahreszinssatz $p\,\% = \frac{p}{100}$

Zins $z = \frac{K \cdot j \cdot p}{100}$ **Kapital** $K = \frac{100 \cdot z}{p \cdot j}$ **Zinssatz** $p\% = \frac{100 \cdot z}{K \cdot j}\,\%$

Zeit $j = \frac{100 \cdot z}{K \cdot p}$

(j in Jahren. Ist m die Zeit in Monaten und t die Zeit in Tagen, so ist zu setzen: $j = \frac{m}{12} = \frac{t}{360}$)

Tageszinsen (Zins für t Tage)

$$z = \frac{K \cdot t \cdot p}{100 \cdot 360} = \frac{K \cdot t}{100} : \frac{360}{p} = Z : d \text{ mit}$$

Zinszahl $Z = \frac{K \cdot t}{100}$; **Zinsteiler** $d = \frac{360}{p}$

Zinseszins- und Rentenrechnen

$p\,\% = \frac{p}{100} = i$ Jahreszinssatz; $q = 1 + \frac{p}{100} = 1 + i$ Zinsfaktor

Kapital mit Zins und Zinseszins

Endwert K_n des Anfangskapitals K_0 nach n Jahren:

$$K_n = K_0 \cdot q^n$$

Barwert K_0 des nach n Jahren fälligen Kapitals K_n:

$$K_0 = K_n \cdot \frac{1}{q^n}$$

Zeitrente Ratensparen in regelmäßigen Jahresraten R

Endwert der nach n Jahren angesammelten Jahresraten R | **Barwert** der Zusage, n mal die Jahresrate R zu zahlen

bei *nachschüssiger* Zahlungsweise:

$$S_n = R \cdot \frac{q^n - 1}{q - 1} = R \cdot s_n \qquad A_n = R \cdot \frac{1}{q^n} \, \frac{q^n - 1}{q - 1} = R \cdot a_n$$

bei *vorschüssiger* Zahlungsweise:

$$S_n^{\text{vor}} = R \cdot q \, \frac{q^n - 1}{q - 1} \qquad A_n^{\text{vor}} = R \cdot \frac{1}{q^{n-1}} \, \frac{q^n - 1}{q - 1}$$

Sparkassenformeln

Endwert K_n des Kapitals K_0 nach n Jahren, das durch Jahresraten R vermehrt (+) bzw. vermindert (−) wird bei *nachschüssiger* Zahlungsweise: $K_n = K_0 \cdot q^n \pm R \cdot \frac{q^n - 1}{q - 1}$

Schuldentilgung

Jährliche Tilgungsrate (Annuität) R_n zur Tilgung einer Schuld A in n Jahren bei *nachschüssiger* Zahlungsweise:

$$R_n = A \cdot q^n \cdot \frac{q - 1}{q^n - 1} = A \cdot \alpha_n \qquad \left(\alpha_n = \frac{1}{a_n}\right)$$

Unterjährige Verzinsung: Wird m mal im Jahr nach gleichlangen Zeitabschnitten zu $p_m\,\% = i_m$ verzinst, so ist dies äquivalent einer jährlichen Verzinsung zu $p\,\% = i$ mit $i = (1 + i_m)^m - 1$ und $i_m = \frac{p_m}{100}$ *(Äquivalenter Zinssatz).*

Abschreibung

Abschreibungssatz $p\,\% = \frac{p}{100}$

Lineare Abschreibung

Buchwert B_n des Anschaffungswerts B_0 nach n Jahren:

$$B_n = B_0 \cdot \left(1 - n \cdot \frac{p}{100}\right)$$

Degressive Abschreibung

Buchwert B_n des Anschaffungswerts B_0 nach n Jahren:

$$B_n = B_0 \left(1 - \frac{p}{100}\right)^n = B_0 \cdot b_n$$

%

Zins

Zinseszins

K_n

S_n, A_n

R_n

B_n

GEOMETRIE IN DER EBENE

Abbildungen (Jedem Originalpunkt P wird sein Bildpunkt P' zugeordnet)

I. Die Kongruenzabbildungen

Name der Abbildung	*Symbol*	*Inverse Abb.*
Spiegelung an einer Geraden a (Achsenspiegelung, -symmetrie)	S_a	S_a
Parallelverschiebung um $\mathfrak{v}$ ($\mathfrak{v}$ heißt Schiebungsvektor)	$V_{\mathfrak{v}}$	$V_{-\mathfrak{v}}$
Drehung um A um Drehwinkel α	$D_{A,\alpha}$	$D_{A,-\alpha}$
Punktspiegelung an M	$S_M = D_{M,180°}$	S_M
Gleitspiegelung mit Schiebungsvektor $\mathfrak{v} \parallel g$ und Gleitspiegelachse g	$G_{\mathfrak{v},g}$	$G_{-\mathfrak{v},g}$

Invarianten: Größe eines Winkels, Länge einer Strecke. Flächeninhalt

II. Hintereinanderausführung von Abbildungen (Zeichen $\circ$)

Bezeichnungen: 1. Abbildung $(P \mapsto P') : A_1$; 2. Abbildung $(P' \mapsto P'') : A_2$
Zusammengesetzte Abbildung $(P \mapsto P'')$: $A_1 \circ A_2$

Inverse Abbildung: Zwei Abbildungen A_1 und A_2 sind invers zueinander, wenn $A_1 \circ A_2 = A_2 \circ A_1 = \mathrm{I}$ gilt. (I = Identität)

Formeln:
1) $S_g \circ S_h = V_{2\mathfrak{r}}$ für $g \parallel h$ und Abstandsvektor $\mathfrak{r}$ von g zu h
2) $S_g \circ S_h = D_{C,2\gamma}$ für $g \cap h = \{C\}$ und $\sphericalangle(g,h) = \gamma$
3) $V_{\mathfrak{v}} \circ V_{\mathfrak{w}} = V_{\mathfrak{v}+\mathfrak{w}}$
4) $D_{M,\alpha} \circ D_{M,\beta} = D_{M,\alpha+\beta}$
5) $V_{\mathfrak{v}} \circ S_g = S_g \circ V_{\mathfrak{v}} = G_{\mathfrak{v},g}$ $(\mathfrak{v} \parallel g)$

Beispiel: $S_a \circ S_b \circ S_c$ mit $a \cap b \cap c = \{M\}$, $\sphericalangle(a,b) = \alpha$, $\sphericalangle(b,c) = \beta$:
g durch M so, daß $\sphericalangle(g,c) = \sphericalangle(a,b)$; dann ist: $S_a \circ S_b = S_g \circ S_c$; also:
$S_a \circ S_b \circ S_c = (S_a \circ S_b) \circ S_c = (S_g \circ S_c) \circ S_c = S_g \circ (S_c \circ S_c) = S_g \circ \mathrm{I} = S_g$

Die *Kongruenzabbildungen* bilden zusammen mit der Identität I als neutralem Element bezüglich der Hintereinanderausführung eine *Gruppe*.

III. Ähnlichkeitsabbildungen

Zentrische Streckung mit Zentrum M und Streckfaktor k $(k \neq 0)$

Symbol: $Z_{M,k}$ *Inverse Abbildung:* $Z_{M,\frac{1}{k}}$

$\overrightarrow{MP'} = k \cdot \overrightarrow{MP}$ (k heißt auch Ähnlichkeitsmaßstab oder -verhältnis)

Die *Gruppe der Ähnlichkeitsabbildungen* läßt sich durch Hintereinanderausführung von zentrischen Streckungen und Kongruenzabbildungen aufbauen.

Invarianten: Größe eines Winkels, Streckenverhältnis $s' : s = k$, Flächeninhaltsverhältnis $A' : A = k^2$; zentrische Streckungen sind parallelentreu.

IV. Achsenaffinitäten mit fester Achse a (orientierte Gerade)

Allgemeine schiefe Affinität, festgelegt durch Achse a, Affinitätsrichtung und Affinitätsfaktor k oder durch Achse a und das Bild eines Einheitsvektors senkrecht zur Achse oder 2 entsprechende Punkte.

Spezialfälle: Spiegelungen, Schrägspiegelungen, Scherungen, senkrechte Affinitäten und Identität

Invarianten: Parallelentreue, Flächeninhaltsverhältnis
(Parallele Strecken werden im selben Verhältnis verkürzt.)

Die *Achsenaffinitäten mit fester Achse* bilden zusammen mit der Identität bezüglich der Hintereinanderausführung eine *Gruppe*.

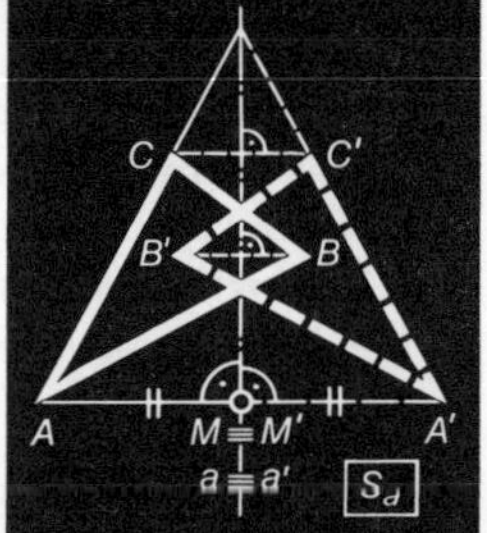

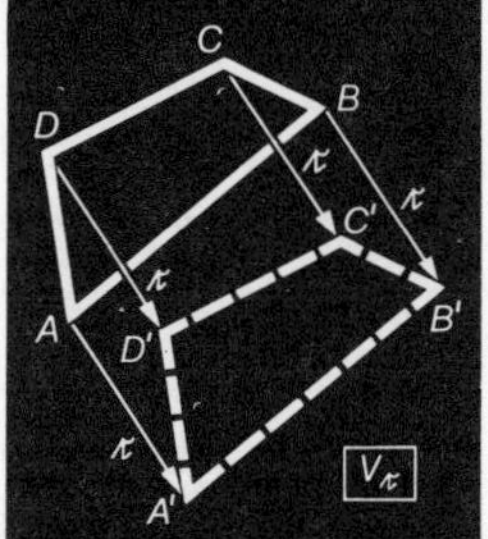

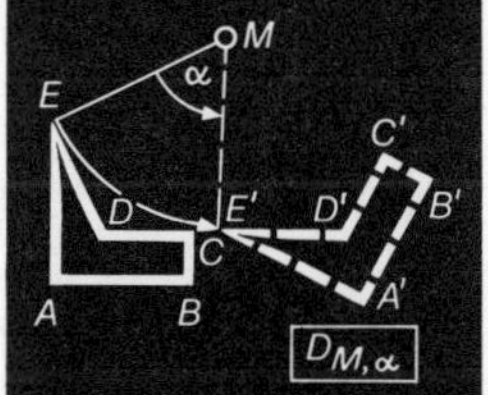

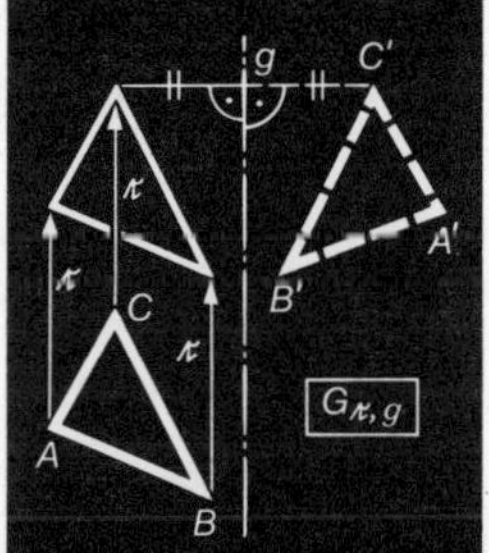

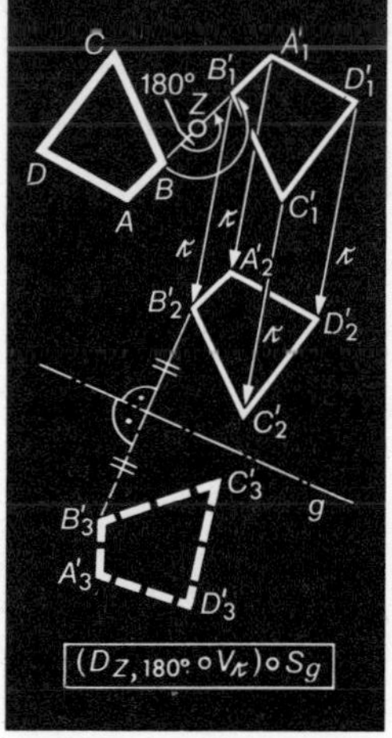

Winkel

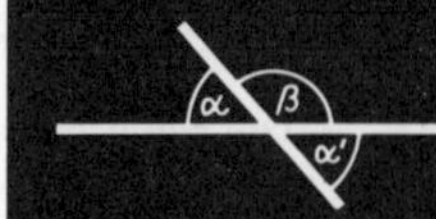

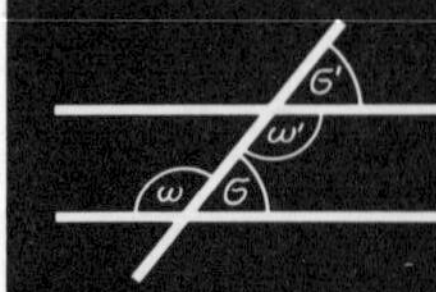

Nebenwinkel betragen zusammen 180°. $\alpha + \beta = 180°$

Scheitelwinkel sind gleich groß. $\alpha = \alpha'$

Stufenwinkel an geschnittenen Parallelen sind gleich groß. $\sigma = \sigma'$

Wechselwinkel an geschnittenen Parallelen sind gleich groß. $\omega = \omega'$

Winkel, deren Schenkel paarweise aufeinander senkrecht stehen, sind entweder gleich groß oder ergänzen einander zu 180°.

Außenwinkel Im Dreieck ist ein Außenwinkel gleich der Summe der beiden nichtanliegenden Innenwinkel.

Winkelsummen Im Dreieck ist die Summe der Innenwinkel 180°.
Im Viereck ist die Summe der Innenwinkel 360°.
Im n-Eck ist die Summe der Innenwinkel $(n-2) \cdot 180°$.

THALES-Satz Jeder Winkel im Halbkreis ist ein Rechter (*Kurzform*).

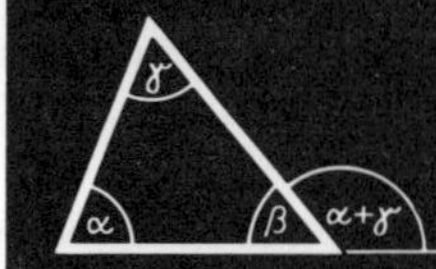

Dreieck Seiten a, b, c; Winkel α, β, γ; Höhe h Flächeninhalt A

BESONDERE PUNKTE IM DREIECK

Umkreismittelpunkt Im Dreieck schneiden sich die drei *Mittelsenkrechten* in *einem* Punkt, dem Umkreismittelpunkt.

Inkreismittelpunkt Im Dreieck schneiden sich die drei *Winkelhalbierenden* in *einem* Punkt, dem Inkreismittelpunkt.

Höhenschnittpunkt Im Dreieck schneiden sich die drei *Höhen* in *einem* Punkt, dem Höhenschnittpunkt.

Schwerpunkt Im Dreieck schneiden sich die drei *Seitenhalbierenden* (Schwerlinien) in *einem* Punkt, dem Schwerpunkt.
Der Schwerpunkt teilt jede Seitenhalbierende vom Eckpunkt des Dreiecks aus im Verhältnis 2 : 1.

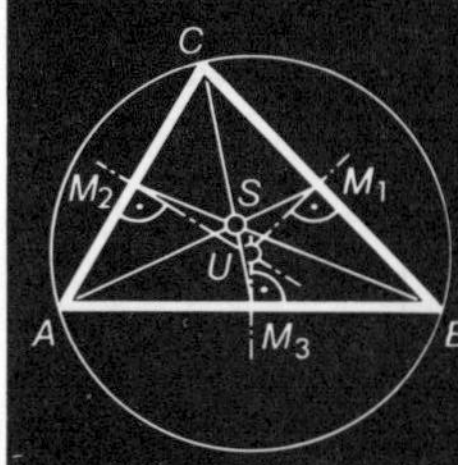

LÄNGEN UND FLÄCHEN (Umkreisradius r, Inkreisradius ϱ)

Gleichschenkliges Dreieck (*eine* Achse)

$a = b, \ \alpha = \beta \qquad h_c = \sqrt{a^2 - \left(\frac{c}{2}\right)^2} \qquad A = \frac{1}{2} c\, h_c$

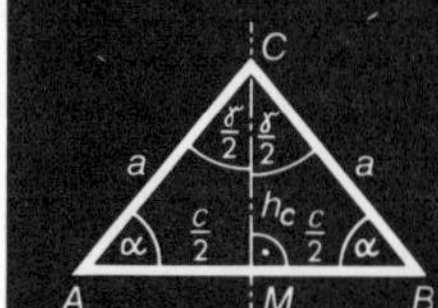

Gleichseitiges Dreieck (*drei* Achsen)

$\alpha = \beta = \gamma = 60° \quad h = \frac{a}{2}\sqrt{3}\,; \quad r = \frac{a}{3}\sqrt{3}\,; \quad \varrho = \frac{a}{6}\sqrt{3}\,; \quad A = \frac{a^2}{4}\sqrt{3}$

Rechtwinkliges Dreieck

Satz des Pythagoras: $c^2 = a^2 + b^2$

Kathetensatz: $a^2 = c\,p\,; \ b^2 = c\,q$

Höhensatz: $h^2 = p\,q$

$A = \frac{1}{2} c\,h = \frac{1}{2} a\,b$

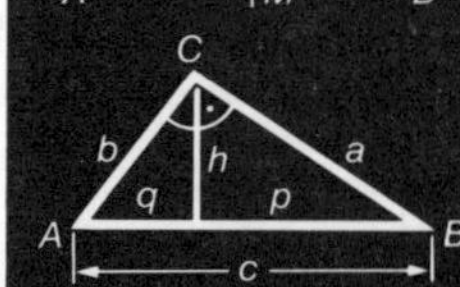

Beliebiges Dreieck $A = \frac{1}{2} a\,h_a = \frac{1}{2} b\,h_b = \frac{1}{2} c\,h_c$

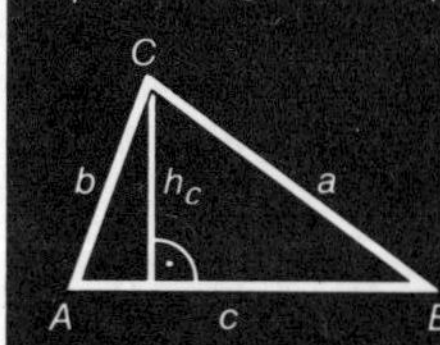

Kongruenzsätze

Dreiecke sind kongruent (deckungsgleich), wenn sie übereinstimmen in

❶ drei Seiten, *oder* ***sss***
❷ zwei Seiten und dem von diesen Seiten eingeschlossenen Winkel, *oder* ***sws***
❸ zwei Seiten und dem Gegenwinkel der längeren Seite, *oder* ***Ssw***
❹ einer Seite und den beiden anliegenden Winkeln (einer Seite und zwei gleichliegenden Winkeln). ***wsw*** ***(wws)***

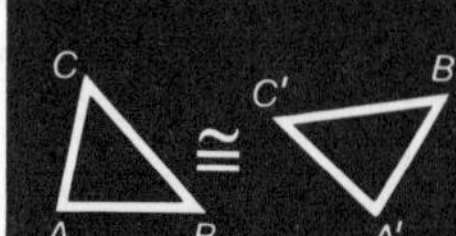

Viereck Diagonalen e, f, auch d; Umfang U; Flächeninhalt A

Quadrat
(4 Achsen; Diagonalen senkrecht aufeinander und gleich lang)
$d = a\sqrt{2}$ $\quad U = 4a$ $\quad A = a^2$

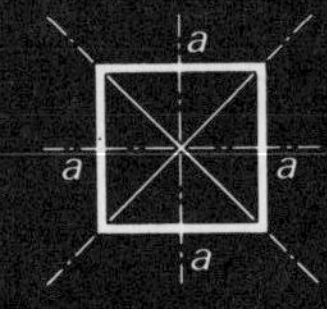

Rechteck
(2 Achsen; Diagonalen gleich lang)
$d = \sqrt{a^2 + b^2}$ $\quad U = 2(a + b)$ $\quad A = ab$

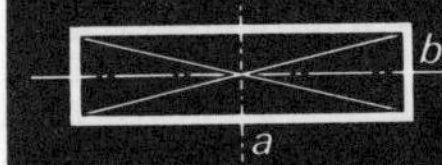

Raute
(2 Achsen, Diagonalen senkrecht aufeinander)
$e^2 + f^2 = 4a^2$ $\quad U = 4a$ $\quad A = \frac{1}{2}ef$

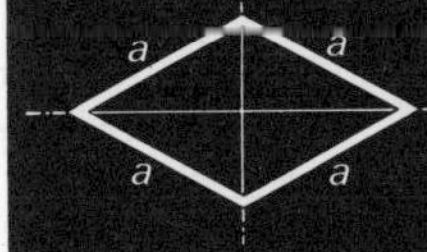

Parallelogramm
(punktsymmetrisch; Diagonalen halbieren sich gegenseitig)
$U = 2(a + b)$ $\quad A = a\,h_a = b\,h_b$

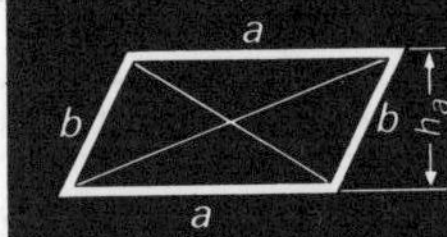

Drachen
(1 Achse; Diagonalen senkrecht aufeinander)
$U = 2(a + b)$ $\quad A = \frac{1}{2}ef$

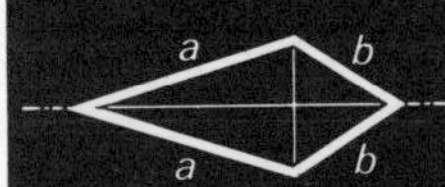

Trapez
(1 Schrägachse; Seiten a, b, c, d; $a \parallel c$ heißen Grundseiten)
$m = \frac{1}{2}(a + c)$ $\quad U = a + b + c + d$ $\quad A = m\,h$

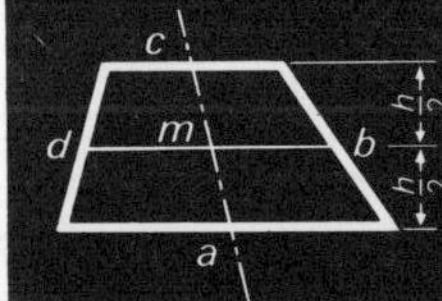

Strahlensätze, Proportionalen

Strahlensätze Wenn $AB \parallel A'B'$, dann:

1. $\overline{SA} : \overline{SA'} = \overline{SB} : \overline{SB'}$; $\quad \overline{SA} : \overline{AA'} = \overline{SB} : \overline{BB'}$
2. $\overline{AB} : \overline{A'B'} = \overline{SA} : \overline{SA'}$ $\quad$ (Kehrsatz von 1. richtig, von 2. nicht)

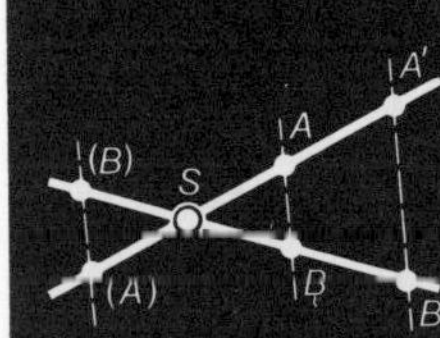

Vierte Proportionale (zu a, b, c) $\quad a : b = c : x \quad \frac{a}{b} = \frac{c}{x} \quad x = \frac{bc}{a}$

Dritte Proportionale (zu a, b) $\quad a : b = b : x \quad \frac{a}{b} = \frac{b}{x} \quad x = \frac{b^2}{a}$

Mittl. Proportionale (zu a, b) $\quad a : x = x : b \quad \frac{a}{x} = \frac{x}{b} \quad x = \sqrt{ab}$

($\sqrt{ab}$ heißt auch geom. Mittel von a, b)

Teilung einer Strecke – stetige Teilung

Teilverhältnis $\quad \overline{AT} : \overline{TB} = a : b = \frac{a}{b} = \lambda$

Innerer Teilpunkt T_i: $\quad \lambda_i > 0$
Äußerer Teilpunkt T_a: $\quad \lambda_a < 0$

Harmonische Teilung $\quad$ (Vier harmon. Punkte) A, B, T_i, T_a mit $|\lambda_i| = |\lambda_a|$

Stetige Teilung $\quad$ (Goldener Schnitt) $a : x = x : (a - x)$; $x = \frac{a}{2}(\sqrt{5} - 1)$

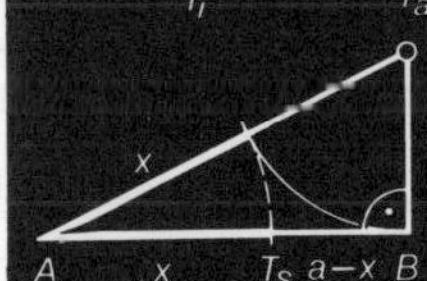

Ähnlichkeitssätze

Zwei Dreiecke sind ähnlich, wenn

❶ drei Paare entsprechender Seiten dasselbe Verhältnis haben, oder
❷ zwei Paare entsprechender Seiten dasselbe Verhältnis haben und die von diesen Seiten eingeschlossenen Winkel übereinstimmen, *oder*
❸ zwei Paare entsprechender Seiten dasselbe Verhältnis haben und die Gegenwinkel der längeren Seiten übereinstimmen, *oder*
❹ zwei Winkel übereinstimmen.
(Verhältnisse der Paare entsprechender Seiten sind $a' : a$, $b' : b$, $c' : c$)

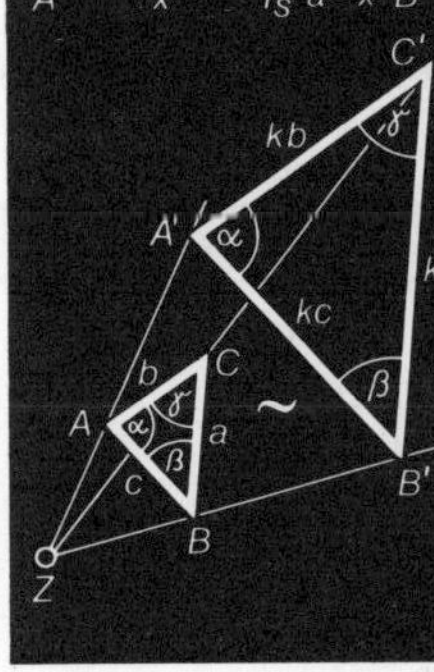

Geometrie am Kreis

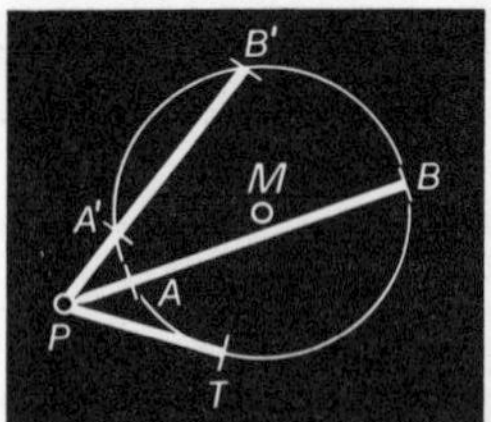

Sekanten–Tangentensatz $\overline{PA} \cdot \overline{PB} = \overline{PA'} \cdot \overline{PB'} = \overline{PT}^2$

Sehnen–Halbsehnensatz $\overline{PA} \cdot \overline{PB} = \overline{PA'} \cdot \overline{PB'} = \overline{PS}^2$

WINKEL AM KREIS:

Randwinkel (Umfangs-, Peripheriewinkel) über gleich langen Bogen sind gleich groß, sie sind halb so groß wie ihr zugehöriger Mittelpunktswinkel. Der Spezialfall für $\sphericalangle AMB = 180°$ liefert $\gamma = 90°$ (Satz des THALES, s. S. 10).

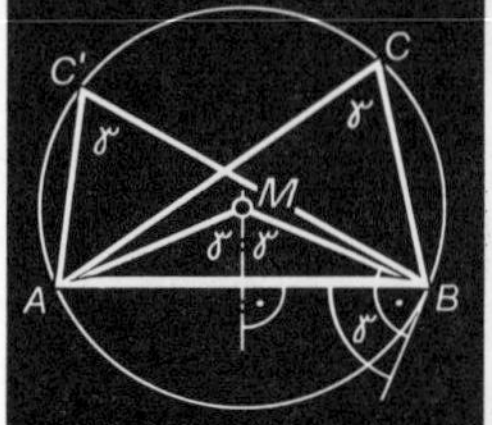

Sehnen–Tangentenwinkel sind gleich groß wie Randwinkel auf der anderen Seite der Sehne.

VIERECKE AM KREIS:

Im **Sehnenviereck** ist die Summe zweier Gegenwinkel 180°. $\alpha + \gamma = \beta + \delta = 180°$

Im **Tangentenviereck** ist die Summe zweier Gegenseiten gleich der Summe der beiden anderen. $a + c = b + d$

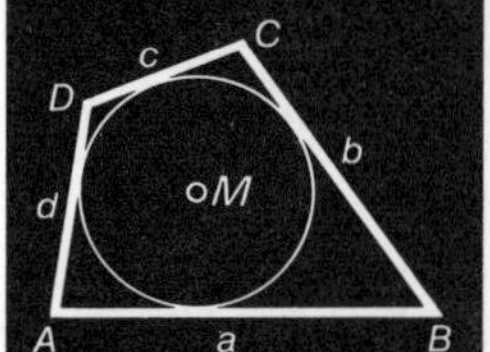

Regelmäßige Vielecke (*n*-Ecke) Umkreisradius *r*; Inkreisradius ϱ_n;

n	Seitenlänge s_n	Umfang U_n (gerundet)	Flächeninhalt A_n
5	$\frac{r}{2}\sqrt{10 - 2\sqrt{5}}$	$2r \cdot 2{,}93893$	$\frac{5}{8} r^2 \sqrt{10 + 2\sqrt{5}} \approx 2{,}3776\, r^2$
10	$\frac{r}{2}(\sqrt{5} - 1)$	$2r \cdot 3{,}09017$	$\frac{5}{4} r^2 \sqrt{10 - 2\sqrt{5}} \approx 2{,}9389\, r^2$
12	$r\sqrt{2 - \sqrt{3}}$	$2r \cdot 3{,}10583$	$3r^2$
$2n$	$s_{2n} = \sqrt{2r^2 - r\sqrt{4r^2 - s_n^2}}$	$U_{2n} = 2n \cdot s_{2n}$	$A_{2n} = n \cdot \varrho_{2n} \cdot s_{2n}$

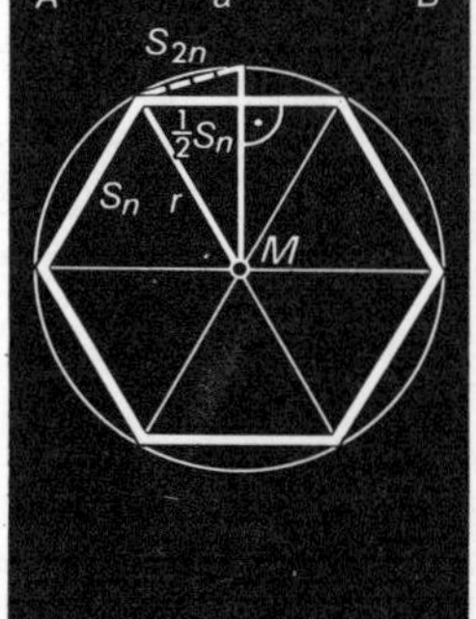

Kreis, Kreisteile

		Mit $\frac{\pi\alpha}{180°} = x$ (Winkel in Radiant):
Kreisumfang	$U = 2\pi r = \pi d$	
–fläche(inhalt)	$A = \pi r^2 = \frac{\pi}{4} d^2$	
–bogen ($\widehat{AB}$)	$b = 2\pi r \cdot \frac{\alpha}{360°} = r \cdot \frac{\pi\alpha}{180°}$	$= r x$
–ausschnitt (Sektor)	$A = \pi r^2 \cdot \frac{\alpha}{360°} = \frac{b r}{2}$	$= \frac{r^2}{2} \cdot x$
–abschnitt (Segment)	$A = \frac{r^2}{2}\left(\frac{\pi\alpha}{180°} - \sin\alpha\right)$	$= \frac{r^2}{2}(x - \sin x)$

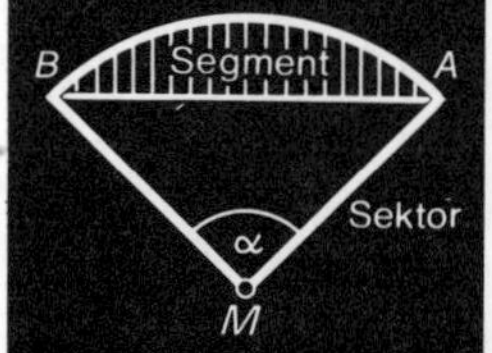

Ellipse Flächeninhalt *A*, Umfang *U*

Eigenschaft: Ortslinie für Punkte *P* mit $\overline{F_1P} + \overline{F_2P} = \text{konstant} = 2a$

$A = \pi a b$; $U \geqq \pi(a + b)$; $U \approx \pi\left[\frac{3}{2}(a + b) - \sqrt{ab}\right]$ für $\frac{b}{a} > \frac{1}{5}$

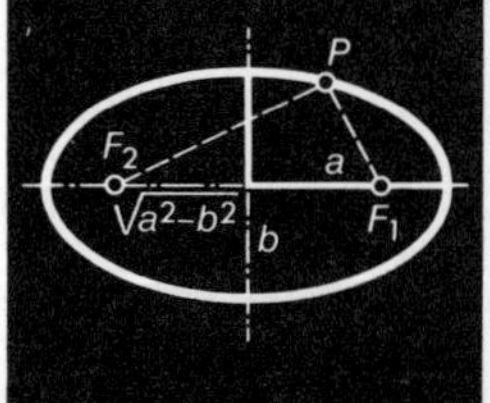

GEOMETRIE IM RAUM – Körperberechnung

d: räumliche Diagonale; *h*: räumliche Höhe; *r*: Radius; *s*: Mantellinie; *G*: Grundfläche; *M*: Mantel; *O*: Oberfläche; *V*: Volumen

Einfache Körper

Würfel	$V = a^3$; $d = a\sqrt{3}$	$O = 6a^2$
Quader	$V = abc$; $d = \sqrt{a^2 + b^2 + c^2}$	$O = 2(ab + ac + bc)$
Prisma	$V = Gh$	$O = 2G + M$
Pyramidenstumpf	$V = \frac{h}{3}\left(G_1 + \sqrt{G_1 G_2} + G_2\right)$	(auch für allgemeinen Kegelstumpf gültig)

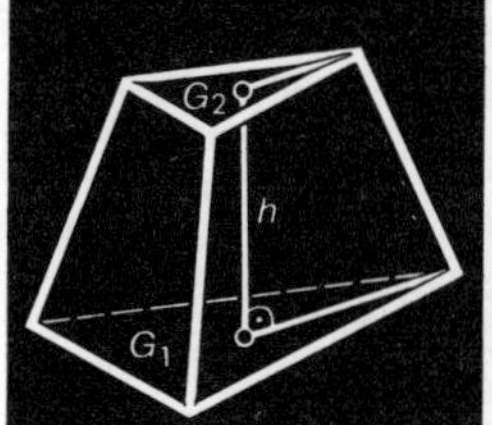

Regelmäßige Körper

Kantenlänge a; Umkugelradius r; Inkugelradius ϱ

Tetraeder (4-flächner)	$V = \frac{a^3}{12}\sqrt{2}$	$O = a^2\sqrt{3}$
	$r = \frac{a}{4}\sqrt{6};\quad h = \frac{a}{3}\sqrt{6}$	$\varrho = \frac{a}{12}\sqrt{6}$
Hexaeder (6-flächner) oder **Würfel**	$V = a^3$	$O = 6\,a^2$
	$r = \frac{a}{2}\sqrt{3}$	$\varrho = \frac{a}{2}$
Oktaeder (8-flächner)	$V = \frac{a^3}{3}\sqrt{2}$	$O = 2\,a^2\sqrt{3}$
	$r = \frac{a}{2}\sqrt{2}$	$\varrho = \frac{a}{6}\sqrt{6}$
Dodekaeder (12-flächner)	$V = \frac{a^3}{4}\left(15 + 7\sqrt{5}\right)$	$O = 3\,a^2\sqrt{5\left(5 + 2\sqrt{5}\right)}$
	$r = \frac{a}{4}\sqrt{3}\left(1 + \sqrt{5}\right)$	$\varrho = \frac{a}{4}\sqrt{10 + \frac{22}{5}\sqrt{5}}$
Ikosaeder (20-flächner)	$V = \frac{5\,a^3}{12}\left(3 + \sqrt{5}\right)$	$O = 5\,a^2\sqrt{3}$
	$r = \frac{a}{4}\sqrt{2\left(5 + \sqrt{5}\right)}$	$\varrho = \frac{a}{12}\sqrt{3}\left(3 + \sqrt{5}\right)$

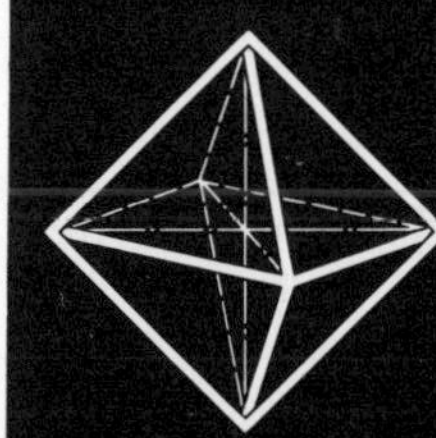

Zylinder, Kegel

Zylinder	$V = G \cdot h$	
Senkrechter Kreiszylinder	$V = \pi r^2 h$	$M = 2\pi r h$ $O = 2\pi r (r + h)$
Kegel	$V = \frac{1}{3} G h$	
Senkr. Kreiskegel	$V = \frac{\pi}{3} r^2 h$	$M = \pi r s$ $O = \pi r (r + s)$
Kegelstumpf vom senkr. Kreiskegel	$V = \frac{\pi h}{3}\left(r_1^2 + r_1 r_2 + r_2^2\right)$	$M = \pi s (r_1 + r_2)$

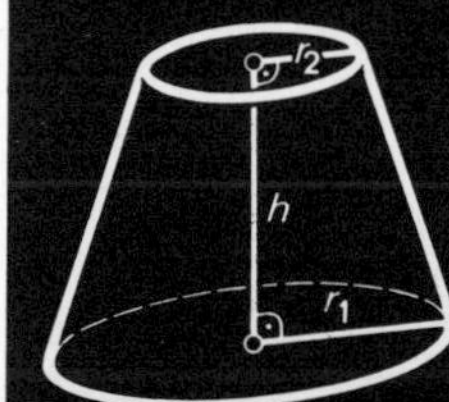

Kugel, Kugelteile

Kugel	$V = \frac{4}{3}\pi r^3$	$O = 4\pi r^2$
-abschnitt (-kappe, -segment)	$V = \frac{\pi}{3} h^2 (3r - h)$ $= \frac{\pi h}{6}\left(3 r_1^2 + h^2\right)$	$M = 2\pi r h = \pi\left(r_1^2 + h^2\right)$
-ausschnitt (-sektor)	$V = \frac{2\pi}{3} r^2 h$	$M = 2\pi r\left(h + \frac{1}{2}\sqrt{h(2r - h)}\right)$
-schicht (-zone)	$V = \frac{\pi h}{6}\left(3 r_1^2 + 3 r_2^2 + h^2\right)$	$M = 2\pi r h$

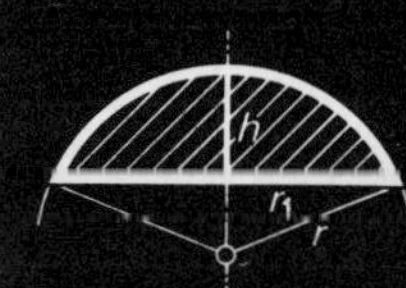

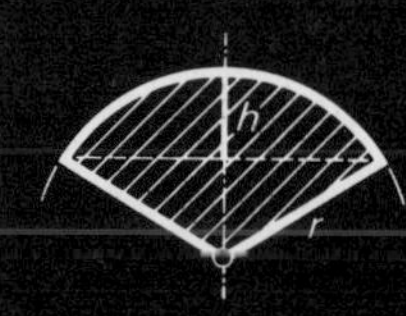

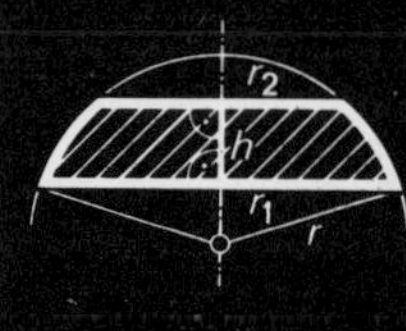

Ellipsoid, Drehkörper

Ellipsoid	$V = \frac{4}{3}\pi a b c$ (a, b, c Halbachsen)	Drehellipsoid $V = \frac{4}{3}\pi a b^2$ (Drehachse ist Achse mit Länge $2a$)
Drehparaboloid	$V = \frac{1}{2}\pi r^2 h = \pi p h^2$	(p Parameter der Meridianparabel)
Torus (Ring)	$V = 2\pi^2 r^2 R$	$O = 4\pi^2 r R$
Rotationskörper und -flächen GULDINsche *Regel*	Volumen = erzeugende Fläche mal Weg des Flächenschwerpunktes Mantel = Länge der erzeugenden Linie mal Weg des Schwerpunktes dieser Linie	

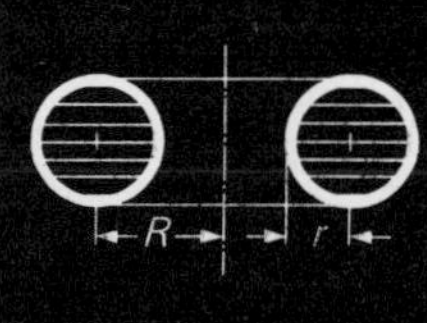

Trigonometrie

Kreisfunktionen (Winkelfunktionen, trigonometrische Funktionen)

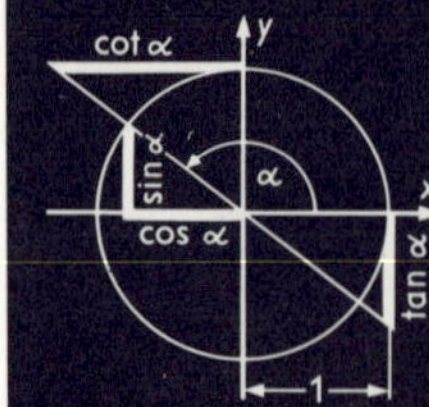

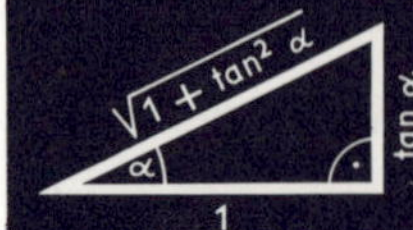

Definition der Kreisfunktionen (Winkelfunktionen)

Für *beliebige* Winkel (Spezialfall $r = 1$, Einheitskreis):

$$\sin\alpha = \frac{y}{r} \qquad \cos\alpha = \frac{x}{r} \qquad \tan\alpha = \frac{y}{x} \qquad \cot\alpha = \frac{x}{y}$$

Für *spitze* Winkel (im rechtwinkligen Dreieck):

$$\sin\alpha = \frac{\text{Gegenkathete}}{\text{Hypotenuse}} \qquad \cos\alpha = \frac{\text{Ankathete}}{\text{Hypotenuse}}$$

$$\tan\alpha = \frac{\text{Gegenkathete}}{\text{Ankathete}} \qquad \cot\alpha = \frac{\text{Ankathete}}{\text{Gegenkathete}}$$

Beziehungen zwischen den Kreisfunktionen

$$\cos^2\alpha + \sin^2\alpha = 1 \qquad \tan\alpha = \frac{\sin\alpha}{\cos\alpha} \qquad \cot\alpha = \frac{1}{\tan\alpha}$$

$$\sin\alpha = \frac{\tan\alpha}{\pm\sqrt{1+\tan^2\alpha}} \qquad \cos\alpha = \frac{1}{\pm\sqrt{1+\tan^2\alpha}} \qquad \tan\alpha = \frac{\sin\alpha}{\pm\sqrt{1-\sin^2\alpha}}$$

$$\sin\alpha = \cos(90° - \alpha) \qquad \cos\alpha = \sin(90° - \alpha) \qquad \tan\alpha = \frac{1}{\tan(90° - \alpha)}$$

Das Vorzeichen der Wurzeln hängt vom Quadranten ab!

sin

+	+
−	−

cos

−	+
−	+

Besondere Werte; Grenzwerte. Umwandlungen

	0 0°	$\frac{\pi}{6}$ 30°	$\frac{\pi}{4}$ 45°	$\frac{\pi}{3}$ 60°	$\frac{\pi}{2}$ 90°
sin	0	$\frac{1}{2}$	$\frac{1}{2}\sqrt{2}$	$\frac{1}{2}\sqrt{3}$	1
cos	1	$\frac{1}{2}\sqrt{3}$	$\frac{1}{2}\sqrt{2}$	$\frac{1}{2}$	0
tan	0	$\frac{\sqrt{3}}{3}$	1	$\sqrt{3}$	∞
cot	∞	$\sqrt{3}$	1	$\frac{\sqrt{3}}{3}$	0

Beispiel: $\sin 30° = \frac{1}{2}$

	$90° \pm \alpha$	$180° \pm \alpha$	$270° \pm \alpha$	$360° - \alpha$ $(-\alpha)$
sin	$\cos\alpha$	$\mp\sin\alpha$	$-\cos\alpha$	$-\sin\alpha$
cos	$\mp\sin\alpha$	$-\cos\alpha$	$\pm\sin\alpha$	$\cos\alpha$
tan	$\mp\cot\alpha$	$\pm\tan\alpha$	$\mp\cot\alpha$	$-\tan\alpha$
cot	$\mp\tan\alpha$	$\pm\cot\alpha$	$\mp\tan\alpha$	$-\cot\alpha$

Beispiel: $\cos(90° + \alpha) = -\sin\alpha$

tan, cot

−	+
+	−

Umformungen

α ± β

$$\sin(\alpha \pm \beta) = \sin\alpha\cos\beta \pm \cos\alpha\sin\beta$$

$$\cos(\alpha \pm \beta) = \cos\alpha\cos\beta \mp \sin\alpha\sin\beta$$

$$\tan(\alpha \pm \beta) = \frac{\tan\alpha \pm \tan\beta}{1 \mp \tan\alpha\tan\beta}$$

$$\cot(\alpha \pm \beta) = \frac{\cot\alpha\cot\beta \mp 1}{\cot\beta \pm \cot\alpha}$$

$$\sin\alpha + \sin\beta = 2\sin\frac{\alpha+\beta}{2}\cos\frac{\alpha-\beta}{2}$$

$$\sin\alpha - \sin\beta = 2\cos\frac{\alpha+\beta}{2}\sin\frac{\alpha-\beta}{2}$$

$$\cos\alpha + \cos\beta = 2\cos\frac{\alpha+\beta}{2}\cos\frac{\alpha-\beta}{2}$$

$$\cos\alpha - \cos\beta = -2\sin\frac{\alpha+\beta}{2}\sin\frac{\alpha-\beta}{2}$$

2 α

$$\sin 2\alpha = 2\sin\alpha\cos\alpha; \qquad \cos 2\alpha = \cos^2\alpha - \sin^2\alpha = 2\cos^2\alpha - 1 = 1 - 2\sin^2\alpha$$

$$\tan 2\alpha = \frac{2\tan\alpha}{1-\tan^2\alpha} \qquad \cot 2\alpha = \frac{\cot^2\alpha - 1}{2\cot\alpha}$$

3 α

$$\sin 3\alpha = 3\sin\alpha - 4\sin^3\alpha; \qquad \cos 3\alpha = 4\cos^3\alpha - 3\cos\alpha$$

α/2

$$\sin\frac{\alpha}{2} = \pm\sqrt{\frac{1-\cos\alpha}{2}}; \qquad \cos\frac{\alpha}{2} = \pm\sqrt{\frac{1+\cos\alpha}{2}}; \qquad \tan\frac{\alpha}{2} = \frac{\sin\alpha}{1+\cos\alpha}$$

Winkelmessung, Näherungen

$360° = 2\pi$ rad

$\alpha : 180° = x : \pi$

$\alpha = \frac{x}{\pi} \cdot 180°; \quad x = \frac{\alpha}{180°} \cdot \pi$

$\sin x = x$, Fehler $< 0{,}1\,\%_0$ für $|x| < 0{,}077$

$\tan x = x$, Fehler $< 0{,}1\,\%_0$ für $|x| < 0{,}054$

$\sin x < x < \tan x$ für $0 < x < \frac{\pi}{2}$

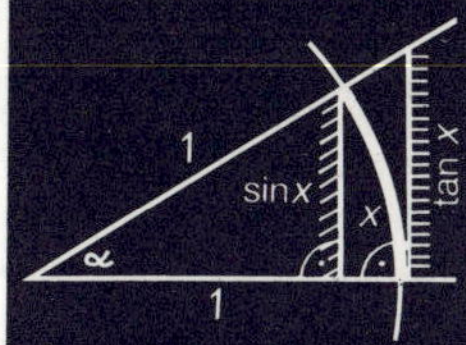

Ebenes Dreieck

Sinussatz: $\frac{a}{\sin\alpha} = \frac{b}{\sin\beta} = \frac{c}{\sin\gamma} = 2r$ — r: Umkreisradius

Kosinussatz: $a^2 = b^2 + c^2 - 2bc\cos\alpha$ — ϱ: Inkreisradius

Tangenssatz: $\frac{a+b}{a-b} = \frac{\tan\frac{1}{2}(\alpha+\beta)}{\tan\frac{1}{2}(\alpha-\beta)}$ — $s = \frac{a+b+c}{2}$

Halbwinkelsatz: $\tan\frac{\alpha}{2} = \sqrt{\frac{(s-b)(s-c)}{s(s-a)}} = \frac{\varrho}{s-a}$ (mit zyklischer Vertauschung)

Flächeninhalt: $A = \frac{1}{2}ab\sin\gamma = 2r^2\sin\alpha\cdot\sin\beta\cdot\sin\gamma$ $= \frac{g \cdot h}{2}$

tan = Gegenkath / Ankath

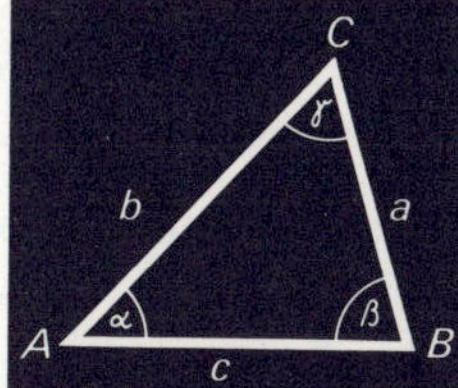

Kugeldreieck

Rechtwinkliges Kugeldreieck ($\gamma = 90°$)

$\sin\alpha = \frac{\sin a}{\sin c}$; $\quad \cos\alpha = \frac{\tan b}{\tan c} = \cos a\cdot\sin\beta$; $\quad \tan\alpha = \frac{\tan a}{\sin b}$

und Vertauschung von a mit b und α mit β

$\cos c = \cos a\cdot\cos b$ $\qquad \cos c = \cot\alpha\cdot\cot\beta$

Nepersche Regel

cos eines Stückes = { Produkt der *cot* der benachbarten Stücke,
Produkt der *sin* der nicht benachbarten Stücke,

wobei a durch $(90° - a)$ und b durch $(90° - b)$ ersetzt werden und $\sphericalangle\,\gamma = 90°$ nicht beachtet wird

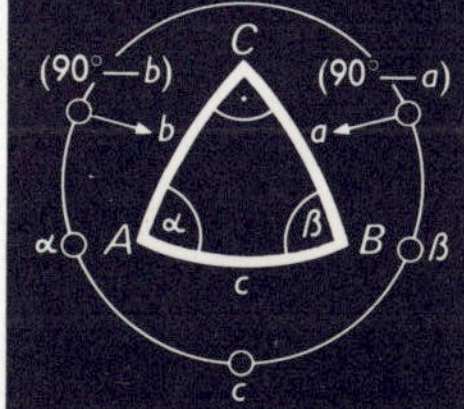

Schiefwinkliges Kugeldreieck (Eulersches Dreieck)

Flächeninhalt: $A = \frac{\pi r^2 \varepsilon}{180°}$ — $\varepsilon = \alpha + \beta + \gamma - 180°$, sphärischer Exzeß

Sinussatz: $\frac{\sin a}{\sin\alpha} = \frac{\sin b}{\sin\beta} = \frac{\sin c}{\sin\gamma}$

Seitenkosinussatz: $\cos a = \cos b\cos c + \sin b\sin c\cos\alpha$

Winkelkosinussatz: $\cos\alpha = -\cos\beta\cos\gamma + \sin\beta\sin\gamma\cos a$

(mit zyklischer Vertauschung)

Halbwinkelsatz

$\sin\frac{\alpha}{2} = \sqrt{\frac{\sin(s-c)\cdot\sin(s-b)}{\sin b\cdot\sin c}}$ mit $s = \frac{a+b+c}{2}$

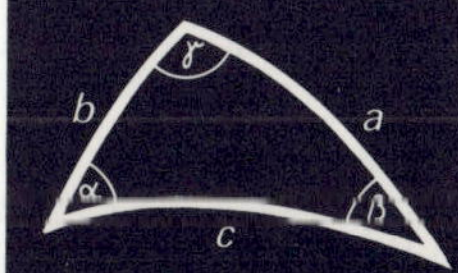

Arcusfunktionen (Umkehrungen der Kreisfunktionen)

$\sin y = x$	mit	$-\frac{\pi}{2} \leqq y \leqq \frac{\pi}{2}$	$\Leftrightarrow$	$y = \arcsin x$	(Hauptwert)
$\cos y = x$	mit	$0 \leqq y \leqq \pi$	$\Leftrightarrow$	$y = \arccos x$	(Hauptwert)
$\tan y = x$	mit	$-\frac{\pi}{2} < y < \frac{\pi}{2}$	$\Leftrightarrow$	$y = \arctan x$	(Hauptwert)
$\cot y = x$	mit	$0 < y < \pi$	$\Leftrightarrow$	$y = \operatorname{arccot} x$	(Hauptwert)

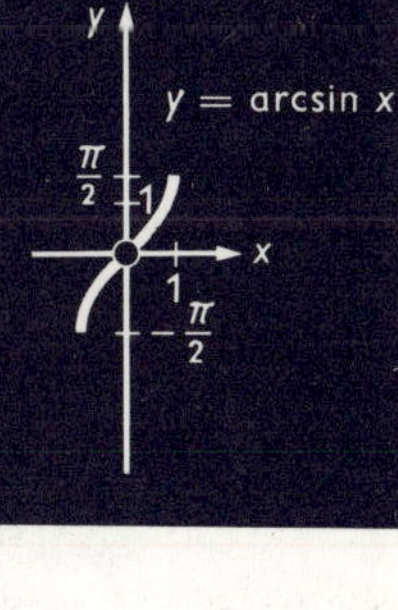

dim V = 3 1. Teil wie unten $\mathfrak{n}_3' = \mathfrak{b}_3 + s_1 \mathfrak{n}_1' + s_2 \mathfrak{n}_2'$; $\mathfrak{n}_3' \mathfrak{n}_1' = 0$ $\mathfrak{n}_3' \mathfrak{n}_2' = 0$

$s_1 = \frac{-\mathfrak{b}_3 \mathfrak{n}_1'}{\mathfrak{n}_1'^2}$; $s_2 = \frac{-\mathfrak{b}_3 \mathfrak{n}_2'}{\mathfrak{n}_2' \mathfrak{n}_2'}$

Vektoren im Anschauungsraum

Grundbegriffe, Schreibweisen

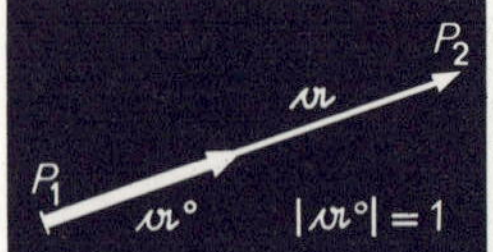

Vektor	$\mathfrak{a} = \vec{a} = \overrightarrow{P_1P_2} = -\overrightarrow{P_2P_1}$; (Klasse paralleler, gleichlanger und gleichgerichteter Pfeile)
Betrag (Länge)	$\lvert\mathfrak{a}\rvert = a = \overline{P_1P_2}$ $(a \geqq 0)$
Einheitsvektoren	$\mathfrak{a}^\circ$ in Richtung $\mathfrak{a}$: $\lvert\mathfrak{a}^\circ\rvert = 1$; $\mathfrak{a}^\circ = \frac{\mathfrak{a}}{\lvert\mathfrak{a}\rvert}$; $\mathfrak{a} = a\,\mathfrak{a}^\circ$ $\mathfrak{i}, \mathfrak{j}, \mathfrak{k}$ im rechtwinkligen xyz-(Rechts) System
Nullvektor	$\mathfrak{o}$ *ohne* Richtung $\mathfrak{a} + \mathfrak{o} = \mathfrak{a}$, $\mathfrak{o} = \mathfrak{a} + (-\mathfrak{a})$; $\lvert\mathfrak{o}\rvert = 0$;
Ortsvektoren	von festem Punkt O ausgehend: $\mathfrak{p} = \overrightarrow{OP}$; $\mathfrak{r} = \overrightarrow{OR}$; $\mathfrak{x} = \overrightarrow{OX}$; $\mathfrak{p}_1 = \overrightarrow{OP_1}$ usw.

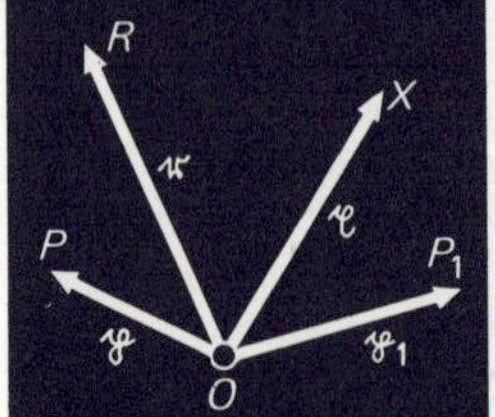

Verknüpfungen

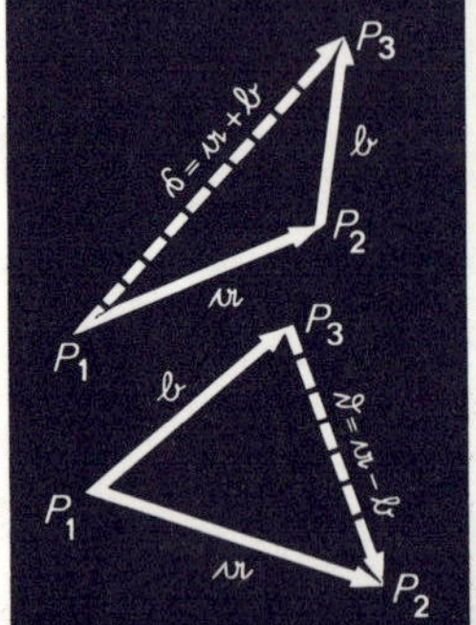

Addition	$\mathfrak{a} + \mathfrak{b} = \mathfrak{s}$	$\overrightarrow{P_1P_2} + \overrightarrow{P_2P_3} = \overrightarrow{P_1P_3}$
Subtraktion	$\mathfrak{a} - \mathfrak{b} = \mathfrak{d} = \mathfrak{a} + (-\mathfrak{b})$	$\overrightarrow{P_1P_2} - \overrightarrow{P_1P_3} = \overrightarrow{P_3P_2}$
S-Multiplikation	(Multiplikation eines Vektors mit einer reellen Zahl) $m\,\mathfrak{a} = \mathfrak{b} \Rightarrow \lvert\mathfrak{b}\rvert = \lvert m\,\mathfrak{a}\rvert = \lvert m\rvert\,\lvert\mathfrak{a}\rvert$;	$\mathfrak{a} = \frac{1}{m}\mathfrak{b}$
Gesetze	$\mathfrak{a} + \mathfrak{b} = \mathfrak{b} + \mathfrak{a}$; $m(\mathfrak{a} + \mathfrak{b}) = m\,\mathfrak{a} + m\,\mathfrak{b}$; $m(n\,\mathfrak{a}) = (m\,n)\,\mathfrak{a} = n(m\,\mathfrak{a})$	$(\mathfrak{a} + \mathfrak{b}) + \mathfrak{c} = \mathfrak{a} + (\mathfrak{b} + \mathfrak{c})$ $(m + n)\,\mathfrak{a} = m\,\mathfrak{a} + n\,\mathfrak{a}$

Lineare Abhängigkeit $(k_1, k_2, k_3 \in \mathbb{R};\ \mathfrak{a}, \mathfrak{b}, \mathfrak{c} \neq \mathfrak{o})$

Kollineare Vektoren	$k_1\,\mathfrak{a} + k_2\,\mathfrak{b} = \mathfrak{o} \ \wedge\ k_1^2 + k_2^2 \neq 0$	$\Leftrightarrow$	$\mathfrak{a}, \mathfrak{b}$ sind linear abhängig (liegen in einer Geraden)
Komplanare Vektoren	$k_1\,\mathfrak{a} + k_2\,\mathfrak{b} + k_3\,\mathfrak{c} = \mathfrak{o} \ \wedge\ k_1^2 + k_2^2 + k_3^2 \neq 0$	$\Leftrightarrow$	$\mathfrak{a}, \mathfrak{b}, \mathfrak{c}$ sind linear abhängig (liegen in einer Ebene)

Komponentenzerlegung, Koordinaten

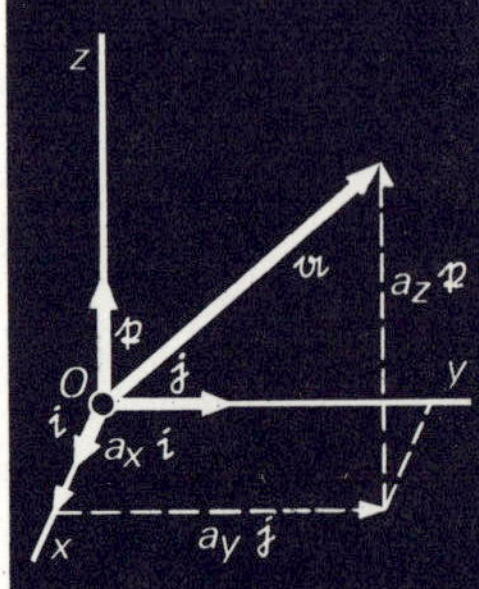

Komponenten	Wenn $\mathfrak{a}, \mathfrak{b}$ linear unabhängig und $\mathfrak{c} = m_1\,\mathfrak{a} + m_2\,\mathfrak{b}$, heißt $m_1\,\mathfrak{a}$ die Komponente von $\mathfrak{c}$ in Richtung $\mathfrak{a}$ usw.
Koordinaten	m_1, m_2 heißen die Koordinaten des Vektors $\mathfrak{c}$ bezüglich der Basis $\mathfrak{a}, \mathfrak{b}$. Im rechtwinkligen xyz-System mit den Einheitsvektoren $\mathfrak{i}, \mathfrak{j}, \mathfrak{k}$ heißen a_x, a_y, a_z die rechtwinkligen Koordinaten des Vektors $\mathfrak{a} = a_x\,\mathfrak{i} + a_y\,\mathfrak{j} + a_z\,\mathfrak{k}$

Skalarprodukt

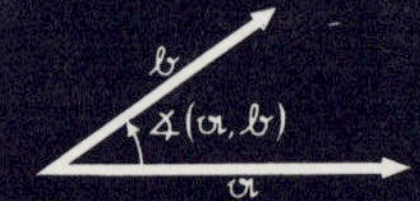

Definition	$\mathfrak{a}\,\mathfrak{b} = \mathfrak{a} \cdot \mathfrak{b} = \lvert\mathfrak{a}\rvert \cdot \lvert\mathfrak{b}\rvert \cos \sphericalangle(\mathfrak{a}, \mathfrak{b}) = ab \cos \sphericalangle(\mathfrak{a}, \mathfrak{b})$ In rechtwinkl. Koordinaten ist $\mathfrak{a}\,\mathfrak{b} = a_x b_x + a_y b_y + a_z b_z$
Sonderfälle	$\mathfrak{a}\,\mathfrak{b} = 0 \Leftrightarrow \mathfrak{a} \perp \mathfrak{b}$ oder $\mathfrak{a} = \mathfrak{o}$ oder $\mathfrak{b} = \mathfrak{o}$ $\mathfrak{a} \cdot \mathfrak{a} = \mathfrak{a}^2 = a^2 = a_x^2 + a_y^2 + a_z^2$
Gesetze	Sym. $\mathfrak{a}\,\mathfrak{b} = \mathfrak{b}\,\mathfrak{a}$; $\mathfrak{a}(\mathfrak{b} + \mathfrak{c}) = \mathfrak{a}\,\mathfrak{b} + \mathfrak{a}\,\mathfrak{c}$; $m(\mathfrak{a}\,\mathfrak{b}) = (m\,\mathfrak{a})\,\mathfrak{b} = (m\,\mathfrak{b})\,\mathfrak{a}$ → pos. Definitheit
Senkrechte Projektion	Senkrechte Projektion $\mathfrak{p}$ des Vektors $\mathfrak{b}$ auf Vektor $\mathfrak{a}$ $\mathfrak{p} = \frac{\mathfrak{a}\,\mathfrak{b}}{\mathfrak{a}^2}\,\mathfrak{a}$

Orthonormierungsverfahren:

dim V (2) $\mathfrak{n}_1' = \mathfrak{b}_1$; $\mathfrak{n}_2' = \mathfrak{b}_2 + k \cdot \mathfrak{n}_1'$; $k = \frac{-\mathfrak{b}_2 \mathfrak{n}_1'}{\mathfrak{n}_1' \mathfrak{n}_1'}$; $\mathfrak{n}_1 = \frac{1}{|\mathfrak{n}_1'|}$

Vektorprodukt

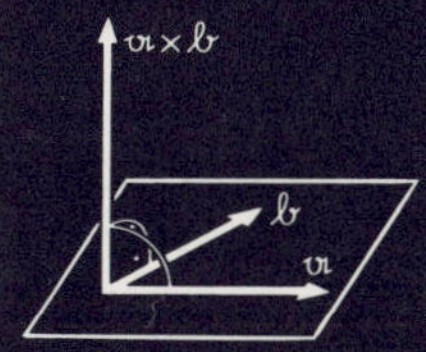

Definition Der Vektor $\mathfrak{a} \times \mathfrak{b} = \mathfrak{c}$ steht senkrecht auf $\mathfrak{a}$ und $\mathfrak{b}$, bildet mit $\mathfrak{a}$ und $\mathfrak{b}$ in der Reihenfolge $\mathfrak{a}, \mathfrak{b}, \mathfrak{c}$ ein Rechtssystem und hat den Betrag $|\mathfrak{c}| = ab \sin \sphericalangle (\mathfrak{a}, \mathfrak{b})$.

In rechtwinkligen Koordinaten ist

$$\mathfrak{a} \times \mathfrak{b} = \begin{vmatrix} \mathfrak{i} & \mathfrak{j} & \mathfrak{k} \\ a_x & a_y & a_z \\ b_x & b_y & b_z \end{vmatrix} = \begin{cases} \quad (a_y b_z - a_z b_y)\, \mathfrak{i} + \\ + (a_z b_x - a_x b_z)\, \mathfrak{j} + \\ + (a_x b_y - a_y b_x)\, \mathfrak{k} \end{cases}$$

Sonderfälle $\mathfrak{a} \times \mathfrak{b} = \mathfrak{o} \Leftrightarrow \mathfrak{a} \parallel \mathfrak{b}$ oder $\mathfrak{a} = \mathfrak{o}$ oder $\mathfrak{b} = \mathfrak{o}$

$|\mathfrak{a} \times \mathfrak{b}| = a\,b$, wenn $\mathfrak{a} \perp \mathfrak{b}$

Gesetze $\mathfrak{b} \times \mathfrak{a} = -(\mathfrak{a} \times \mathfrak{b})$; $\mathfrak{a} \times (\mathfrak{b} + \mathfrak{c}) = \mathfrak{a} \times \mathfrak{b} + \mathfrak{a} \times \mathfrak{c}$

$(m\,\mathfrak{a}) \times \mathfrak{b} = \mathfrak{a} \times (m\,\mathfrak{b}) = m\,(\mathfrak{a} \times \mathfrak{b})$

Spatprodukt, Entwicklungssatz

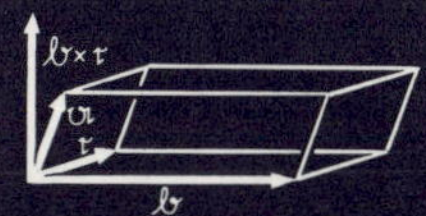

Spatprodukt $(\mathfrak{a}, \mathfrak{b}, \mathfrak{c}) = (\mathfrak{a} \times \mathfrak{b})\,\mathfrak{c} = (\mathfrak{b} \times \mathfrak{c})\,\mathfrak{a} = (\mathfrak{c} \times \mathfrak{a})\,\mathfrak{b} =$
$= -(\mathfrak{b} \times \mathfrak{a})\,\mathfrak{c} = -(\mathfrak{c} \times \mathfrak{b})\,\mathfrak{a} = -(\mathfrak{a} \times \mathfrak{c})\,\mathfrak{b}$

Das Spatprodukt bedeutet das Volumen des aus den Kanten $\mathfrak{a}, \mathfrak{b}, \mathfrak{c}$ aufgespannten Spats; es ergibt sich eine positive (negative) Zahl, wenn $\mathfrak{a}, \mathfrak{b}, \mathfrak{c}$ ein Rechts-(Links-)System bilden.

Entwicklungssatz $(\mathfrak{a} \times \mathfrak{b}) \times \mathfrak{c} = (\mathfrak{a}\,\mathfrak{c})\,\mathfrak{b} - (\mathfrak{b}\,\mathfrak{c})\,\mathfrak{a}$

Vektorielle analytische Geometrie (Parameter $r, s, t \in \mathbb{R}$)

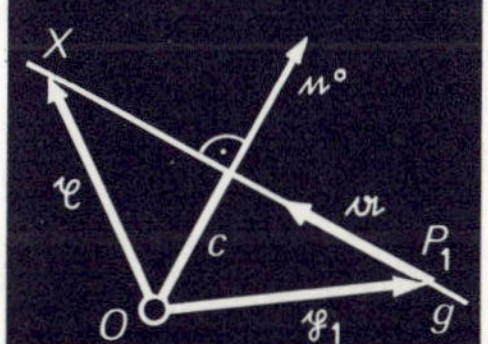

Gerade

- Punkt-Richtungs-Form: *g durch $P_1(\mathfrak{p}_1)$ mit Richtung $\mathfrak{a}$:* $\mathfrak{x} = \mathfrak{p}_1 + t\,\mathfrak{a}$
- Zwei-Punkte-Form: *g durch P_1 und P_2:* $\mathfrak{x} = \mathfrak{p}_1 + t\,(\mathfrak{p}_2 - \mathfrak{p}_1)$
- HESSEsche-Normalform (in Ebene): *g durch $P_1(\mathfrak{p}_1)$ mit $\mathfrak{n} \perp g$:* $\mathfrak{n}^\circ (\mathfrak{x} - \mathfrak{p}_1) = \mathfrak{n}^\circ \mathfrak{x} - c = 0$
- Windschiefe Geraden: g_1: $\mathfrak{x} = \mathfrak{p}_1 + t\,\mathfrak{a}$, g_2: $\mathfrak{x} = \mathfrak{p}_2 + s\,\mathfrak{b}$ sind windschief, wenn $(\mathfrak{p}_2 - \mathfrak{p}_1)(\mathfrak{a} \times \mathfrak{b}) \neq 0$
- Dreiecksfläche: Inhalt $A = \frac{1}{2} \,|(\mathfrak{p}_2 - \mathfrak{p}_1) \times (\mathfrak{p}_3 - \mathfrak{p}_1)|$

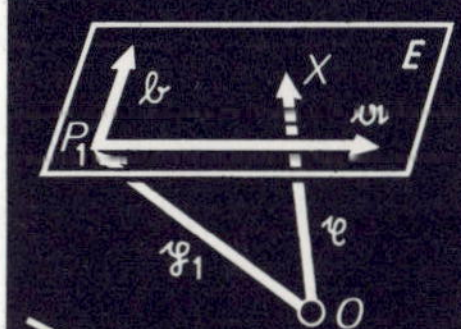

Ebene *Bestimmt durch:*

- Punkt und 2 Richtungen: $P_1, \mathfrak{a}, \mathfrak{b}$; $\mathfrak{x} = \mathfrak{p}_1 + t\,\mathfrak{a} + s\,\mathfrak{b}$
- Drei Punkte: P_1, P_2, P_3; $\mathfrak{x} = \mathfrak{p}_1 + t\,(\mathfrak{p}_2 - \mathfrak{p}_1) + s\,(\mathfrak{p}_3 - \mathfrak{p}_1)$
- Punkt und Gerade ($P_1 \notin g$): P_1, g: $\mathfrak{x} = \mathfrak{u} + t\,\mathfrak{v}$; $\mathfrak{x} = \mathfrak{p} + r\,(\mathfrak{u} - \mathfrak{p}_1) + s\,\mathfrak{v}$
- Punkt und Normalenvektor (HESSEform): $P_1, \mathfrak{n}$; $\mathfrak{n}^\circ (\mathfrak{x} - \mathfrak{p}_1) = 0$

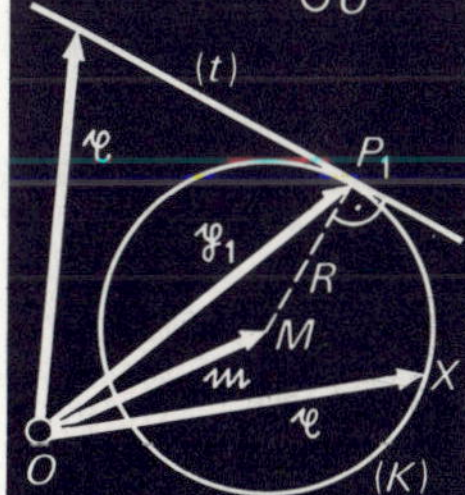

Kugel (Kreis) *Mittelpunkt $M(\mathfrak{m})$, Radius R* $(\mathfrak{x} - \mathfrak{m})^2 = R^2$

Tangentialebene (Tangente) in $P_1(\mathfrak{p}_1)$ $(\mathfrak{x} - \mathfrak{m})(\mathfrak{p}_1 - \mathfrak{m}) = R^2$

Einfache Punktabbildungen Urpunkt $P(\mathfrak{p})$, Bildpunkt $\bar{P}(\bar{\mathfrak{p}})$

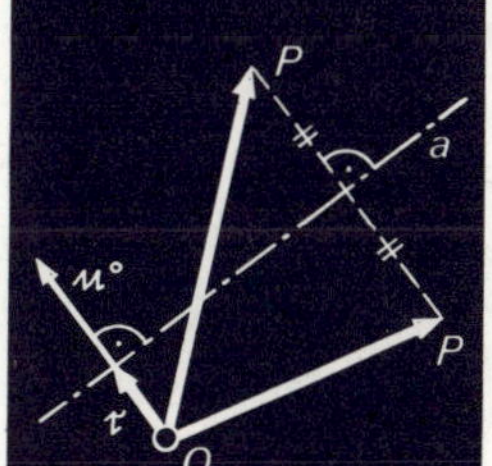

Schiebung	*Schubvektor $\mathfrak{v}$*	$\bar{\mathfrak{p}} = \mathfrak{p} + \mathfrak{v}$
Spiegelung an Achse	*Achse a: $\mathfrak{n}^\circ \mathfrak{x} - c = 0$*	$\bar{\mathfrak{p}} = \mathfrak{p} - 2\,(\mathfrak{n}^\circ \mathfrak{p} - c)\,\mathfrak{n}^\circ$
Zentrische Streckung	*Zentrum $Z(\mathfrak{z})$*	$\bar{\mathfrak{p}} = \mathfrak{z} + k\,(\mathfrak{p} - \mathfrak{z})$ ($k \in \mathbb{R}$)

Schnittpunkt der Ebenen: $\cos \varphi = \frac{|n_1 \cdot n_2|}{|n_1| \cdot |n_2|}$

Ebene/Gerade $\sin \varphi = \frac{|n_1\, a|}{|a| \cdot |n_1|}$

Analytische Geometrie in der Ebene

Transformationen, Abbildungen

Transformationen des Koordinaten-Systems

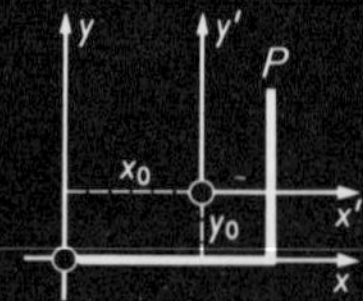

Parallelverschiebung: $\begin{cases} x' = x - x_0 \\ y' = y - y_0 \end{cases}$ $\quad\begin{cases} x = x' + x_0 \\ y = y' + y_0 \end{cases}$

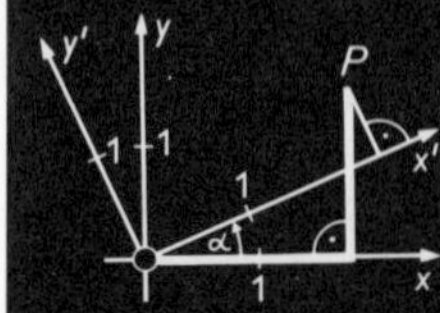

Drehung um Ursprung: $\begin{cases} x' = x \cos\alpha + y \sin\alpha \\ y' = -x \sin\alpha + y \cos\alpha \end{cases}$ $\quad\begin{cases} x = x' \cos\alpha - y' \sin\alpha \\ y = x' \sin\alpha + y' \cos\alpha \end{cases}$

Abbildungen ($\mapsto$ Zeichen für „wird abgebildet auf")

Original(Ur)-Punkt $P(x \mid y) \mapsto \bar{P}(\bar{x} \mid \bar{y})$; $\bar{P}(\bar{x} \mid \bar{y})$ heißt Bildpunkt

$P(x|y) \mapsto \bar{P}(\bar{x}|\bar{y})$
(Original) (Bild)

I. Affine Abbildungen: 1) Bild $\bar{g}$ von Gerade g ist eine Gerade (Geradentreue Abb.)
2) Aus $g \parallel h$ folgt $\bar{g} \parallel \bar{h}$ (Parallelentreue Abb.)

$$\begin{cases} \bar{x} = a_1 x + b_1 y + c_1 \\ \bar{y} = a_2 x + b_2 y + c_2 \end{cases} \qquad \begin{cases} x = \dfrac{1}{D}(b_2 \bar{x} - b_1 \bar{y} + b_1 c_2 - b_2 c_1) \\ y = \dfrac{1}{D}(-a_2 \bar{x} + a_1 \bar{y} - a_1 c_2 + a_2 c_1) \end{cases}$$

$$D = a_1 b_2 - a_2 b_1 \neq 0$$

a) Achsenaffinität Affinitätsachse ist die

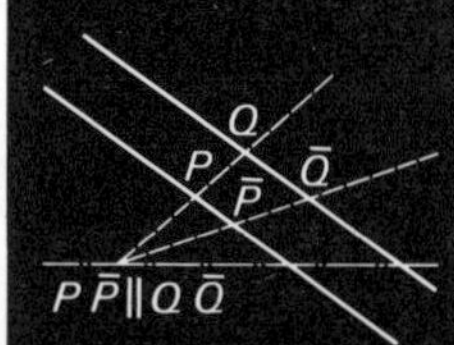

	x-Achse $\equiv \bar{x}$-Achse		y-Achse $\equiv \bar{y}$-Achse	
Senkrechte Affinität:	$\begin{cases} \bar{x} = x \\ \bar{y} = k y \end{cases}$	$\begin{cases} x = \bar{x} \\ y = \frac{1}{k}\bar{y} \end{cases}$	$\begin{cases} \bar{x} = t x \\ \bar{y} = y \end{cases}$	$\begin{cases} x = \frac{1}{t}\bar{x} \\ y = \bar{y} \end{cases}$
Schiefe Affinität:	$\begin{cases} \bar{x} = x + p y \\ \bar{y} = q y \end{cases}$	$\begin{cases} x = \bar{x} - \frac{p}{q}\bar{y} \\ y = \frac{1}{q}\bar{y} \end{cases}$	$\begin{cases} \bar{x} = r x \\ \bar{y} = s x + y \end{cases}$	$\begin{cases} x = \frac{1}{r}\bar{x} \\ y = \bar{y} - \frac{s}{r}\bar{x} \end{cases}$
Scherung:	$\begin{cases} \bar{x} = x + p y \\ \bar{y} = y \end{cases}$	$\begin{cases} x = \bar{x} - p\bar{y} \\ y = \bar{y} \end{cases}$	$\begin{cases} \bar{x} = x \\ \bar{y} = s x + y \end{cases}$	$\begin{cases} x = \bar{x} \\ y = \bar{y} - s\bar{x} \end{cases}$

b) Drehstreckung um Ursprung (Ähnlichkeit) $\overrightarrow{O\bar{P}} = k \cdot \overrightarrow{OP}$

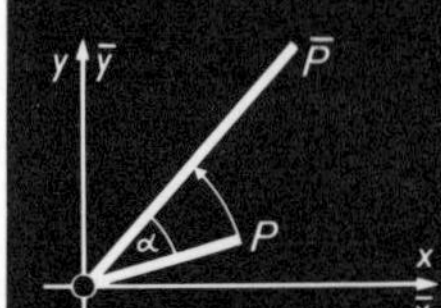

$$\begin{cases} \bar{x} = k(x \cos\alpha - y \sin\alpha) \\ \bar{y} = k(x \sin\alpha + y \cos\alpha) \end{cases} \qquad \begin{cases} x = \frac{1}{k}(\bar{x} \cos\alpha + \bar{y} \sin\alpha) \\ y = \frac{1}{k}(-\bar{x} \sin\alpha + \bar{y} \cos\alpha) \end{cases}$$

II. Projektive Abbildungen: 1) Bild $\bar{g}$ von Gerade g ist eine Gerade (Geradentreue Abb.)
2) Bild $(\bar{C})$ von Kegelschnitt (C) ist ein Kegelschnitt (Kegelschnittstreue Abb.)

$$\begin{cases} \bar{x} = \dfrac{a_1 x + b_1 y + c_1}{a_3 x + b_3 y + c_3} \\ \bar{y} = \dfrac{a_2 x + b_2 y + c_2}{a_3 x + b_3 y + c_3} \end{cases}$$

Das Bild der *Verschwindungsgerade* v ist die uneigentliche Gerade $\bar{v}$.

Die *Fluchtgerade* $\bar{f}$ ist das Bild der uneigentlichen Geraden f.

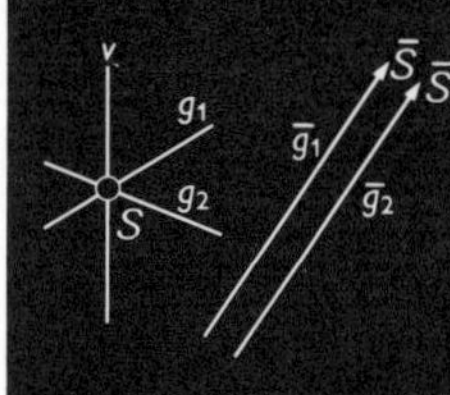

$$\begin{cases} x = \dfrac{(b_2 c_3 - b_3 c_2)\bar{x} - (b_1 c_3 - b_3 c_1)\bar{y} + (b_1 c_2 - b_2 c_1)}{(a_2 b_3 - a_3 b_2)\bar{x} + (a_3 b_1 - a_1 b_3)\bar{y} + (a_1 b_2 - a_2 b_1)} \\ y = \dfrac{-(a_2 c_3 - a_3 c_2)\bar{x} + (a_1 c_3 - a_3 c_1)\bar{y} - (a_1 c_2 - a_2 c_1)}{(a_2 b_3 - a_3 b_2)\bar{x} + (a_3 b_1 - a_1 b_3)\bar{y} + (a_1 b_2 - a_2 b_1)} \end{cases}$$

Verschwindungsgerade v: $a_3 x + b_3 y + c_3 = 0$

Fluchtgerade $\bar{f}$: $(a_2 b_3 - a_3 b_2)\bar{x} + (a_3 b_1 - a_1 b_3)\bar{y} + (a_1 b_2 - a_2 b_1) = 0$

Grundgebilde

Strecke

Steigung (Richtungsfaktor, Anstieg) $\qquad m = \tan\alpha = \dfrac{y_2 - y_1}{x_2 - x_1}$

Entfernung: $\qquad \overline{P_1P_2} = \sqrt{(x_2 - x_1)^2 + (y_2 - y_1)^2}$

Teilpunkt P: $\qquad \dfrac{\overline{P_1P}}{\overline{PP_2}} = \lambda; \quad x_P = \dfrac{x_1 + \lambda x_2}{1 + \lambda}; \quad y_P = \dfrac{y_1 + \lambda y_2}{1 + \lambda}$

Mitte M der Strecke P_1P_2: $\qquad x_M = \dfrac{x_1 + x_2}{2}; \quad y_M = \dfrac{y_1 + y_2}{2}$

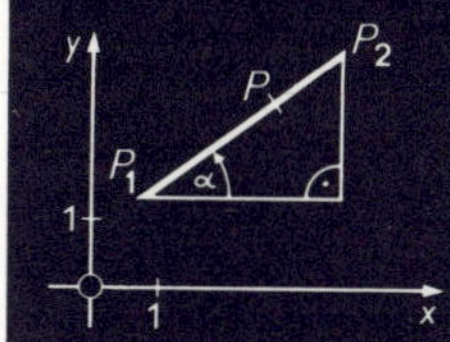

Dreieck (A ist der Flächeninhalt von $\triangle P_1P_2P_3$)

$A = \dfrac{1}{2}(x_1 y_2 - x_2 y_1)$, wenn P_3 der Ursprung ist (*Sonderfall*)

$$A = \frac{1}{2} \cdot \begin{vmatrix} x_1 & y_1 & 1 \\ x_2 & y_2 & 1 \\ x_3 & y_3 & 1 \end{vmatrix} = \frac{1}{2}\left[x_1(y_2 - y_3) + x_2(y_3 - y_1) + x_3(y_1 - y_2)\right]$$

Schwerpunkt S: $\qquad x_s = \dfrac{1}{3}(x_1 + x_2 + x_3); \quad y_s = \dfrac{1}{3}(y_1 + y_2 + y_3)$

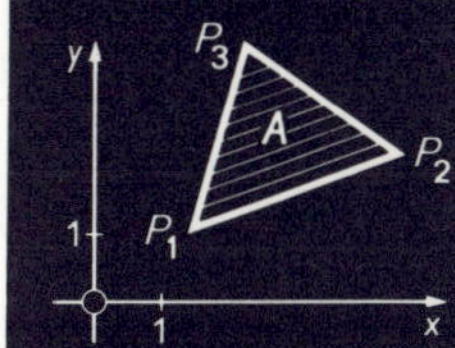

Gerade

Zwei-Punkte-Form: $\qquad \dfrac{y - y_1}{x - x_1} = \dfrac{y_2 - y_1}{x_2 - x_1}$

Punkt-Steigungs-Form: $\qquad y - y_1 = m(x - x_1); \quad y = m(x - a)$

Hauptform: $\qquad y = mx + b$

Achsenabschnitts-Form: $\qquad \dfrac{x}{a} + \dfrac{y}{b} = 1$

Allgemeine Gleichung: $\qquad L(x, y) \equiv Ax + By + C = 0$

HESSEsche Normalform: $\qquad l(x, y) \equiv x\cos\beta + y\sin\beta - p = 0$

$$l(x, y) \equiv \frac{Ax + By + C}{\pm\sqrt{A^2 + B^2}} = 0 \qquad \begin{matrix} + \text{ für } C < 0 \\ - \text{ für } C > 0 \end{matrix}$$

Abstand des Punktes $P_0(x_0|y_0)$ von der Geraden $L(x, y) = 0$: $\qquad d = l(x_0, y_0) = \dfrac{Ax_0 + By_0 + C}{\pm\sqrt{A^2 + B^2}}$

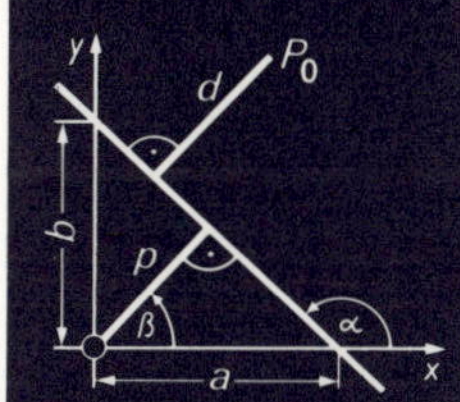

Zwei Geraden:

Schnittwinkel δ: $\qquad \tan\delta = \dfrac{m_2 - m_1}{1 + m_1 m_2}; \qquad g_1 \perp g_2: \quad m_1 = -\dfrac{1}{m_2}$

Winkelhalbierende: $\qquad w_1(x, y) \equiv l_1 - l_2 = 0; \qquad w_2(x, y) \equiv l_1 + l_2 = 0$

Geradenbüschel: $\qquad L(x, y) \equiv L_1(x, y) + k\,L_2(x, y) = 0 \ \wedge\ L_2(x, y) = 0$ (mit $-\infty < k < \infty$)

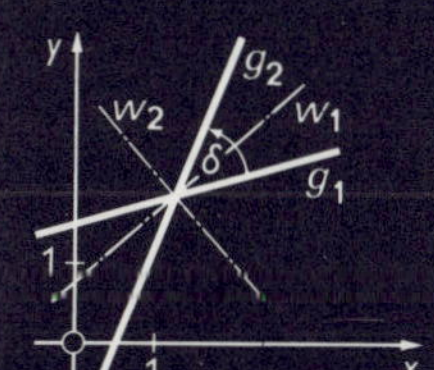

Kreis um M mit Radius r

$M(0\,|\,0)$

Kreisgleichung: $\qquad x^2 + y^2 = r^2$

Tangente in P_1 (Polare): $\qquad x x_1 + y y_1 = r^2$

Tangentenbedingung: $\qquad y = mx + c$ ist genau dann Tangente, wenn $c^2 = m^2 r^2 + r^2$

$M(x_0\,|\,y_0)$

Kreisgleichung: $\qquad (x - x_0)^2 + (y - y_0)^2 = r^2$

Tangente in P_1 (Polare): $\qquad (x - x_0)(x_1 - x_0) + (y - y_0)(y_1 - y_0) = r^2$

Tangentenbedingung: $\qquad Ax + By + C = 0$ ist genau dann Tangente, wenn $(A^2 + B^2)\,r^2 - (Ax_0 + By_0 + C)^2 = 0$

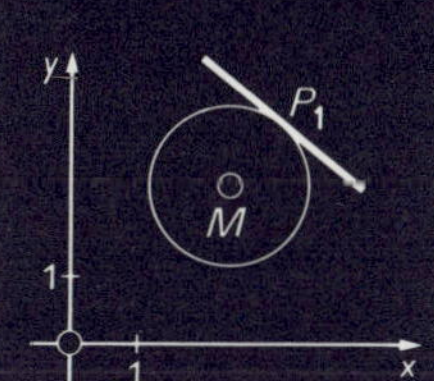

I. Achsen auf den Koordinatenachsen

Normallage:	**Ellipse** mit $M(0 \mid 0)$	**Hyperbel** mit $M(0 \mid 0)$
Mittelpunktsgleichung	$\frac{x^2}{a^2} + \frac{y^2}{b^2} = 1$	$\frac{x^2}{a^2} - \frac{y^2}{b^2} = 1$
Tangente in P_1 (Polare)	$\frac{x\,x_1}{a^2} + \frac{y\,y_1}{b^2} = 1$	$\frac{x\,x_1}{a^2} - \frac{y\,y_1}{b^2} = 1$
Asymptoten	———	$y = \pm \frac{b}{a} x$
Tangentenbedingung (für $y = m\,x + c$)	$c^2 = a^2 m^2 + b^2$	$c^2 = a^2 m^2 - b^2$
Konjugierte Richtungen	$m_1 \cdot m_2 = -\frac{b^2}{a^2}$	$m_1 \cdot m_2 = \frac{b^2}{a^2}$
Brennstrahlen	$\overline{F_1P_1} = a - \varepsilon\,x_1$ $\overline{F_2P_1} = a + \varepsilon\,x_1$	$\overline{F_1P_1} = \varepsilon\,x_1 - a$ $\overline{F_2P_1} = \varepsilon\,x_1 + a$
Leitgeraden	$x = \pm \frac{a^2}{e}$ $\left(\frac{a^2}{e} > a\right)$	$x = \pm \frac{a^2}{e}$ $\left(\frac{a^2}{e} < a\right)$
Scheitel-krümmungshalbmesser	$r_a = \frac{b^2}{a}$; $r_b = \frac{a^2}{b}$	$r = \frac{b^2}{a} = p$
Parameter	$p = \frac{b^2}{a}$ $(a \geqq b)$	$p = \frac{b^2}{a}$
Lineare Exzentrizität	$e = \sqrt{a^2 - b^2}$ $(a \geqq b)$	$e = \sqrt{a^2 + b^2}$
Numerische Exzentrizität	$\varepsilon = \frac{e}{a} < 1$ $(a \geqq b)$	$\varepsilon = \frac{e}{a} > 1$
Fläche	$A = \pi\,a\,b$	———
Scheitelgleichung (Brennpunkte auf x-Achse)	$y^2 = 2\,p\,x - \frac{p}{a} x^2$ (auf „linken" Scheitel bezogen)	$y^2 = 2\,p\,x + \frac{p}{a} x^2$ (auf „rechten" Scheitel bezogen)

Normallagen:	**Parabel** mit $S(0 \mid 0)$	$p > 0$
Scheitelgleichungen	$y^2 = 2\,p\,x$; $F\left(\frac{p}{2} \middle\| 0\right)$ $x^2 = 2\,p\,y$; $F\left(0 \middle\| \frac{p}{2}\right)$	$y^2 = -2\,p\,x$; $F\left(-\frac{p}{2} \middle\| 0\right)$ $x^2 = -2\,p\,y$; $F\left(0 \middle\| -\frac{p}{2}\right)$
	Für $y^2 = 2\,p\,x$ mit x-Achse als Symmetrieachse *gilt:*	
Tangente in P_1 (Polare)	$y\,y_1 = p\,(x + x_1)$	
Tangentenbedingung	$p = 2\,c \cdot m$ (für Gerade $y = m\,x + c$)	
Konjugierte Elemente	*Sehnen* mit Steigung m konjugiert zu *Durchmesser* mit Gleichung $y = \frac{p}{m}$	
Abstände	Brennpunkt — Leitgerade: p Brennpunkt — Scheiteltangente: $\overline{SF} = \frac{p}{2}$	
Scheitel-krümmungshalbmesser	$r = p$	
Parabel-Abschnitt	Fläche $A = \frac{2}{3}\,s\,h$	

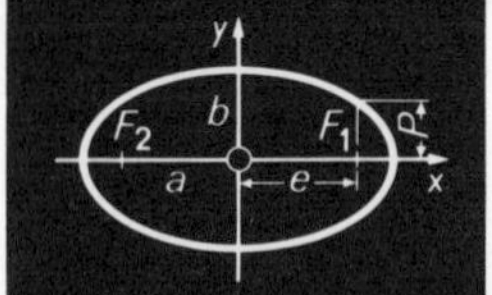

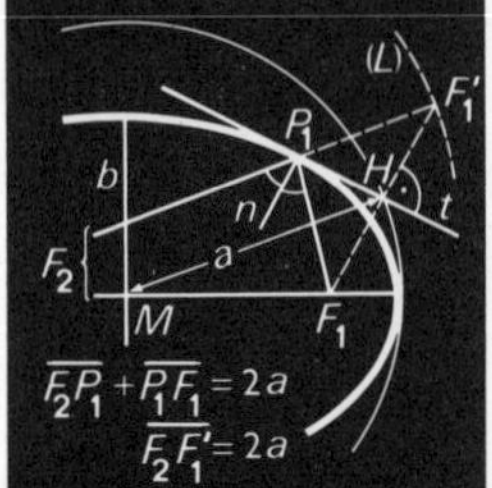

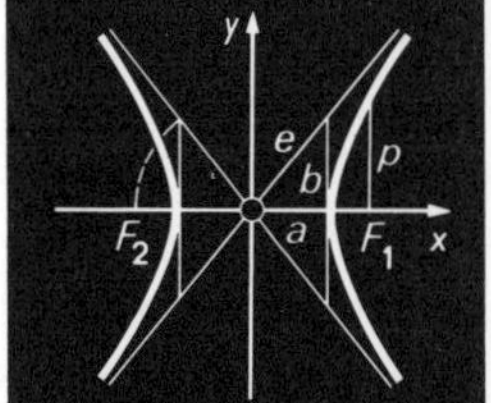

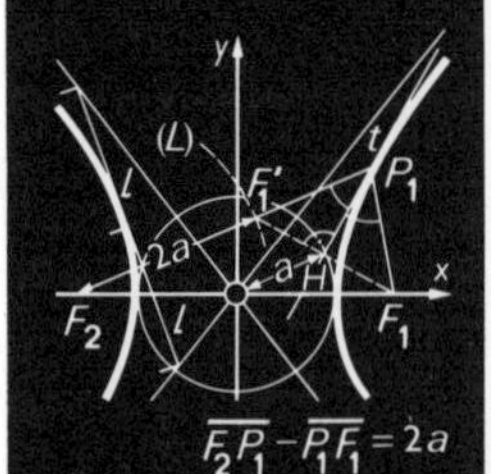

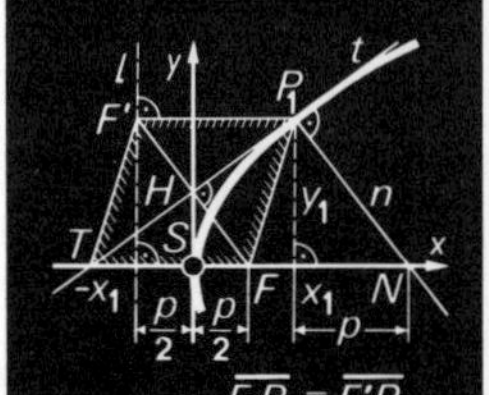

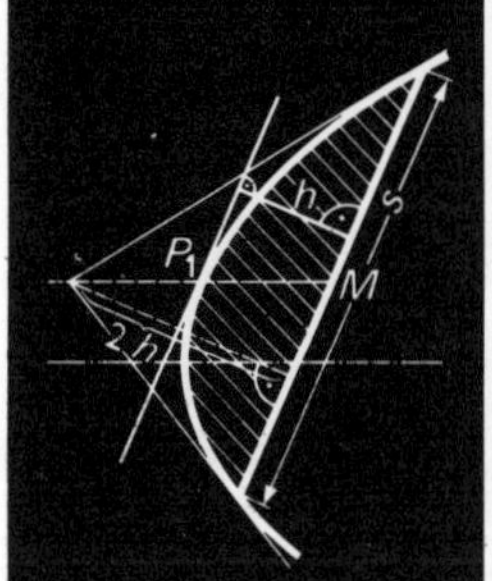

II. Achsen parallel zu den Koordinaten

Ellipse und Hyperbel (+ Zeichen: Ellipse; − Zeichen: Hyperbel)

Kurvengleichung: $\frac{(x - x_0)^2}{a^2} \pm \frac{(y - y_0)^2}{b^2} = 1$ **M** $(x_0 \mid y_0)$

Tangente in P_1 (Polare): $\frac{(x - x_0)(x_1 - x_0)}{a^2} \pm \frac{(y - y_0)(y_1 - y_0)}{b^2} = 1$

Tangentenbedingung: $A x + B y + C = 0$ ist genau dann Tangente, wenn $(A a)^2 \pm (B b)^2 - (A x_0 + B y_0 + C)^2 = 0$

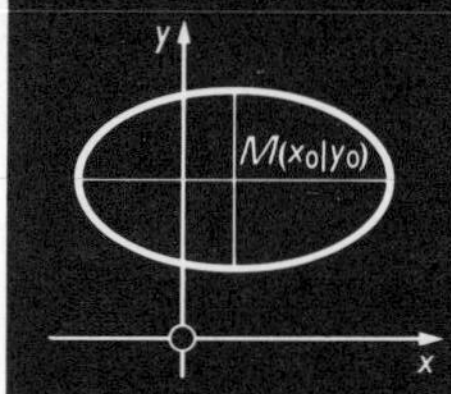

Parabel mit Achse parallel x-Achse (+ Zeichen: nach „rechts" geöffnet)

Parabelgleichung: $(y - y_0)^2 = \pm 2 p (x - x_0)$ $S(x_0 \mid y_0)$; $p > 0$

Tangente in P_1 (Polare): $(y - y_0)(y_1 - y_0) = \pm p (x + x_1 - 2 x_0)$

Tangentenbedingung: $A x + B y + C = 0$ ist genau dann Tangente, wenn $\pm B^2 p - 2 A (A x_0 + B y_0 + C) = 0$

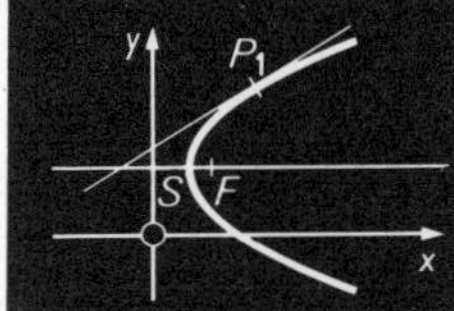

Parabel mit Achse parallel y-Achse (+ Zeichen: nach „oben" geöffnet)

Parabelgleichung: $(x - x_0)^2 = \pm 2 p (y - y_0)$ $S(x_0 \mid y_0)$; $p > 0$

Tangente in P_1 (Polare) $(x - x_0)(x_1 - x_0) = \pm p (y + y_1 - 2 y_0)$

Tangentenbedingung: $A x + B y + C = 0$ ist genau dann Tangente, wenn $\pm A^2 p - 2 B (A x_0 + B y_0 + C) = 0$

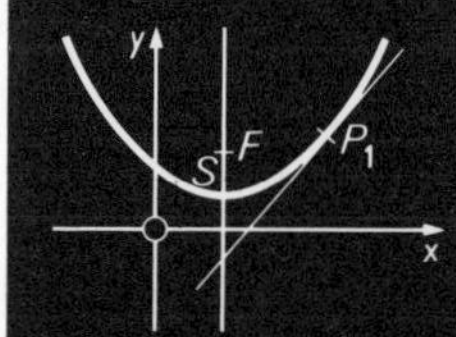

Zusammenfassende Gleichungen

Scheitelgleichung $y^2 = 2 p x - (1 - \varepsilon^2) x^2$

Polargleichung $r = \frac{p}{1 - \varepsilon \cos \varphi}$

$\varepsilon < 1$ Ellipse
$\varepsilon = 1$ Parabel
$\varepsilon > 1$ Hyperbel

Bei Ellipse für den Pol $F_2(-e \mid 0)$, bei Hyperbel für den Pol $F_1(+e \mid 0)$ und für den näheren Ast; für ihren ferneren Ast ist: $r = -p : (1 + \varepsilon \cos \varphi)$

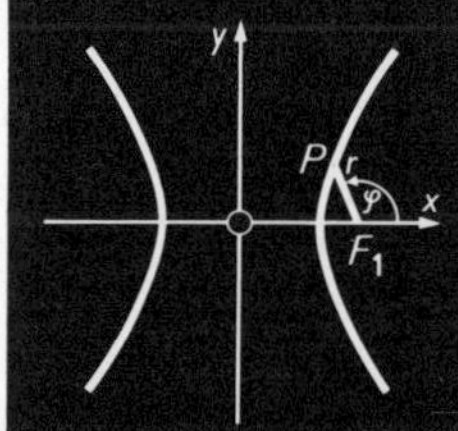

Gleichung zweiten Grades ohne xy-Glied

$$A x^2 + B y^2 + C x + D y + E = 0$$

$A B > 0$:	Ellipse (reell, imaginär, Punkt); $A = B$: Kreis
$A B < 0$:	Hyperbel (2 Geraden)
$A = 0$ und $B C \neq 0$:	Parabel mit Achse parallel zur x-Achse
$B = 0$ und $A D \neq 0$:	Parabel mit Achse parallel zur y-Achse
$A = C = 0$ oder $B = D = 0$:	Parallelenpaar (reell, imaginär, zusammenfallend)

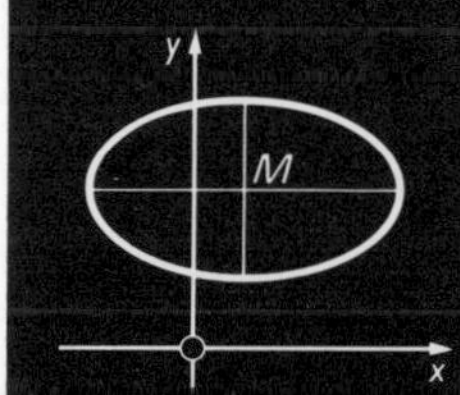

III. Allgemeine Gleichung zweiten Grades

$$a_{11} x^2 + 2 a_{12} x y + a_{22} y^2 + 2 a_{13} x + 2 a_{23} y + a_{33} = 0$$

$$a_{12}^2 - a_{11} a_{22} \begin{cases} < 0: & \text{Ellipse (reell, imaginär, imaginäre Geraden)} \\ = 0: & \text{Parabel (parallele Geraden, reell, imaginär)} \\ > 0: & \text{Hyperbel (Geradenpaar)} \end{cases}$$

Der Kegelschnitt zerfällt nicht, wenn

$$(a_{11} a_{22} - a_{12}^2) a_{33} + 2 a_{12} a_{13} a_{23} - a_{11} a_{23}^2 - a_{22} a_{13}^2 \neq 0$$

Richtungswinkel α einer der Hauptachsen: $\tan 2\alpha = \frac{2 a_{12}}{a_{11} - a_{22}}$

Tangente in $P_1(x_1 \mid y_1)$ (Polare):

$$a_{11} x x_1 + a_{12}(x y_1 + x_1 y) + a_{22} y y_1 + a_{13}(x + x_1) + a_{23}(y + y_1) + a_{33} = 0$$

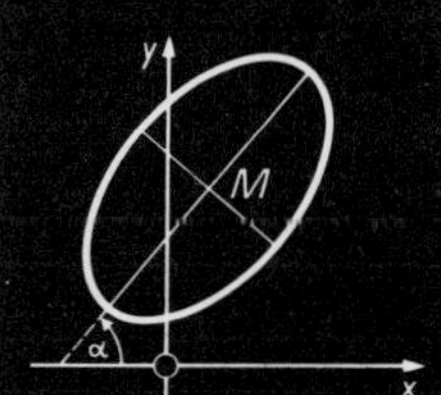

Analysis, Differentialrechnung, Integralrechnung

Unendliche Zahlenfolgen

Definition Eine *unendliche Zahlenfolge* ist eine Abbildung von $\mathbb{N}$ *auf* eine (abzählbare) Menge M. Das Bild von $n \in \mathbb{N}$ wird mit a_n bezeichnet.

Symbole $a_1, a_2, a_3, \dots a_n, \dots; \quad (a_n) \qquad n \in \mathbb{N}$

beschränkt Die Folge (a_n) ist *beschränkt*, wenn für alle n gilt: $|a_n| \leqq K$

monoton Die Folge (a_n) $\left\{\begin{array}{l}\textit{steigt}\\ \textit{fällt}\end{array}\right.$ *monoton*, wenn $\left\{\begin{array}{l} a_n \leqq a_n + 1\\ a_n \geqq a_n + 1\end{array}\right.$.

(*streng monoton*: $<, >$ statt $\leqq, \geqq$)

Nullfolgen (a_n) ist eine *Nullfolge*, wenn $|a_n|$ beliebig klein gemacht werden kann für hinreichend großes n, *oder* (andere Fassung) wenn man zu jeder noch so kleinen positiven Zahl ε ein n_0 angeben kann, so daß $|a_n| < \varepsilon$ für alle $n > n_0$.

Folgen mit Grenzwert A (Konvergente Folgen)

Definition (a_n) konvergiert gegen A, wenn die Folge $(a_n - A)$ eine Nullfolge ist.

Sprechweise Der Grenzwert der Folge (a_n) ist A.

Symbol $\lim\limits_{n \to \infty} a_n = A$ (Spezialfall: $A = 0$, Nullfolge)

Sätze

1. Wenn $\lim\limits_{n \to \infty} a_n = A$ und $\lim\limits_{n \to \infty} b_n = B$, dann gilt:
   a) $\lim\limits_{n \to \infty} (a_n \pm b_n) = A \pm B$ b) $\lim\limits_{n \to \infty} (a_n \cdot b_n) = A \cdot B$
2. Sind, von Anfangsgliedern abgesehen, alle $b_n \neq 0$ und ist $B \neq 0$, dann gilt: $\lim\limits_{n \to \infty} (a_n : b_n) = A : B$.
3. Jede konvergente Folge ist beschränkt.
   Anm: Nicht jede beschränkte Folge ist konvergent. So hat z.B. die beschränkte Folge $-1, +1, -1, +1, \dots$ keinen Grenzwert.
4. Jede beschränkte und monotone Folge ist konvergent.

divergent Eine nicht konvergente Folge heißt divergente Folge. (Folge ohne Grenzwert)

Intervalle

Definitionen

$[a, b] = \{x \mid a \leqq x \leqq b\}$	$[a, b[\; = \{x \mid a \leqq x < b\}$
$]a, b] = \{x \mid a < x \leqq b\}$	$]a, b[\; = \{x \mid a < x < b\}$
$[a, \infty[\; = \{x \mid a \leqq x\}$	$]a, \infty[\; = \{x \mid a < x\}$
$]-\infty, a] = \{x \mid x \leqq a\}$	$]-\infty, a[\; = \{x \mid x < a\}$

Die letzten vier Definitionen werden zu Sonderfällen der drei vorhergehenden, wenn man die Schreibfiguren $\infty, -\infty$ als neue „*uneigentliche Zahlen*" zu $\mathbb{R}$ hinzufügt und festsetzt: $-\infty < a, \quad a < \infty$ für alle $a \in \mathbb{R}$

Intervalle sind spezielle Mengen reeller Zahlen (Punktmengen auf der Zahlengeraden). Die Zahlen a, b heißen Randpunkte.
Ein Intervall mit zwei Randpunkten heißt *abgeschlossen*, ohne Randpunkte *offen*, mit *einem* Randpunkt *halboffen*.

Umgebung U_a eines Punktes

Eine ε-Umgebung von a ist das offene Intervall $]a - \varepsilon, a + \varepsilon[$.
Enthält U_a eine ε-Umgebung von a, dann heißt U_a Umgebung von a.

Extremwerte

Eine auf einem abgeschlossenen Intervall definierte Funktion $f: x \mapsto f(x)$, $x \in [a, b]$ hat in diesem Intervall J an der Stelle x_0 ein

absolutes $\left\{\begin{array}{l}\text{Maximum,}\\ \text{Minimum,}\end{array}\right.$ wenn $f(x_0) \left\{\begin{array}{l} > f(x)\\ < f(x)\end{array}\right.$ für alle $x \in J$ und $x \neq x_0$.

relatives $\left\{\begin{array}{l}\text{Maximum,}\\ \text{Minimum,}\end{array}\right.$ wenn $f(x_0) \left\{\begin{array}{l} > f(x)\\ < f(x)\end{array}\right.$ für alle $x \in U_{x_0}$ mit hinreichend kleinem ε und $x \neq x_0$

(a_n)

$\lim\limits_{n \to \infty} a_n$

konvergent

divergent

$[a, b]$

U_a

Maximum
Minimum

Funktion in der Analysis (vergleiche auch S. 35)

$x \mapsto f(x)$

Funktion Eine Funktion f ist eine *Zuordnung*; dabei muß jedem Element des Definitionsbereichs D eindeutig ein Element des Wertebereichs W zugeordnet sein; man schreibt $W = f(D)$.

Symbol $f\colon x \mapsto f(x), \quad x \in D, \quad f(x) \in W$

monoton Die Funktion $x \mapsto f(x)$ ist *monoton* $\left\{\begin{matrix}\text{steigend}\\ \text{fallend}\end{matrix}\right.$, wenn

für alle $x_1, x_2 \in D$ mit $x_1 < x_2$ gilt $\left\{\begin{matrix} f(x_1) \leqq f(x_2) \\ f(x_1) \geqq f(x_2)\end{matrix}\right.$

streng monoton für alle $x_1 < x_2$ gilt $\left\{\begin{matrix} f(x_1) < f(x_2) \\ f(x_1) > f(x_2)\end{matrix}\right.$

Verkettung $f \circ g$

$f\colon \quad x \mapsto f(x)$ mit $x \in D_f$ und $f(x) \in W_f$

$g\colon \quad x \mapsto g(x)$ mit $x \in D_g$ und $g(x) \in W_g \subset D_f$

$(f \circ g)\colon \quad x \mapsto f(g(x))$ mit $x \in D_g$ und $g(x) \in W_f$

$f \circ g$

Umkehrfunktion Wenn jedem $y \in W_f$ (Wertbereich von f) eindeutig ein $x \in D_f$ (Definitionsbereich von f) zugeordnet ist, dann ist $\bar{f}\colon y \mapsto \bar{f}(y)$ die *Umkehrfunktion* von $f\colon x \mapsto f(x)$.

Die Funktion $f\colon x \mapsto f(x)$ ist in diesem Fall *eineindeutig*, die Auflösung von $y = f(x)$ nach $x = \bar{f}(y)$ ist eindeutig möglich. Der Graph von $y = \bar{f}(x)$ (beachte die Vertauschung der Variablen!) ist das Spiegelbild des Graphen von $y = f(x)$ bezüglich der 1. Mediane $y = x$.

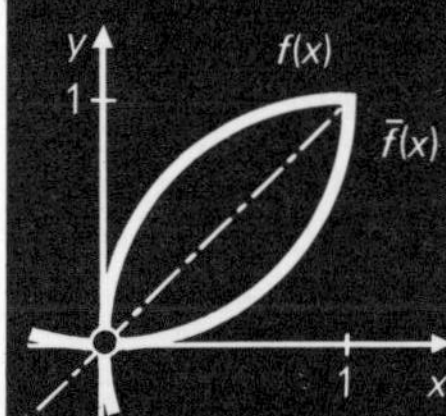

Beispiel:			
Funktion:	$f\colon x \mapsto x^2$	$D = [2, 3]$	$W = [4, 9]$
$(y = x^2)$	$\bar{f}\colon y \mapsto \sqrt{y}$	$\bar{D} = [4, 9]$	$\bar{W} = [2, 3]$
Umkehrfunktion:	$\bar{f}\colon x \mapsto \sqrt{x}$	$\bar{D} = [4, 9]$	$\bar{W} = [2, 3]$

Die Graphen von $y = x^2$ mit $x \in [2, 3]$ und $y = \sqrt{x}$ mit $x \in [4, 9]$ sind spiegelbildlich in bezug auf $y = x$.

Satz Jede auf einem Intervall streng monotone Funktion besitzt eine Umkehrfunktion.

Grenzwert, Stetigkeit

Grenzwert $f\colon x \mapsto f(x)$ hat an der Stelle a, die nicht zum Definitionsbereich gehören muß, den *Grenzwert* A, wenn für jede gegen a konvergierende Folge (x_n) mit $x_n \neq a$ die Folge der Funktionswerte: $f(x_1), f(x_2) \ldots$ gegen A konvergiert.

Symbol $\lim\limits_{x \mapsto a} f(x) = A$

$\lim\limits_{x \to a} f(x)$

Stetigkeit *an einer Stelle*

1. Fassung: $f\colon x \mapsto f(x)$ ist an der Stelle $a \in D$ *stetig*, wenn $\lim\limits_{x \mapsto a} f(x) = f(a)$ ist

stetig

2. Fassung: $f\colon x \mapsto f(x)$ ist an der Stelle $a \in D$ stetig, wenn es zu jeder Umgebung U_f von $f(a)$ eine Umgebung U_x von a gibt, so daß $f(U_x) \subset U_f$ ist.

auf einem Intervall

Eine Funktion ist auf einem Intervall stetig, wenn sie an jeder Stelle dieses Intervalls stetig ist.

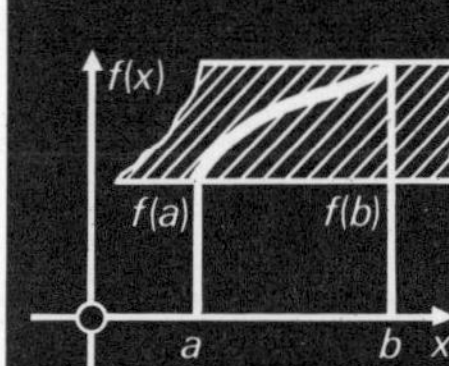

Zwischenwert-Satz Eine auf einem abgeschlossenen Intervall stetige Funktion nimmt alle Werte an, die zwischen den Funktionswerten an den Randpunkten des Intervalls liegen.

Ableitung

Ableitung

an einer Stelle

$f\colon x \mapsto f(x)$ hat an der Stelle a die (erste) *Ableitung* $f'(a)$, wenn der Grenzwert existiert:

1. Fassung:

$$\lim_{x \to a} \frac{f(x) - f(a)}{x - a} = f'(a)$$

2. Fassung:

$$\lim_{h \to 0} \frac{f(a+h) - f(a)}{h} = f'(a)$$

$f'(a)$

auf einem Intervall

Eine auf einem Intervall J definierte Funktion $f\colon x \mapsto f(x)$, $x \in J$ heißt auf diesem Intervall ableitbar (differenzierbar), wenn sie an jeder Stelle von $x \in J$ ableitbar ist. Die Funktion $f'\colon x \mapsto f'(x)$, $x \in J$ heißt die Ableitung von f auf J.

$f'(x)$

Höhere Ableitungen

zweite Ableitung $\quad f''(x) = (f'(x))'$

n-te Ableitung: $\quad f^{(n)}(x) = (f^{(n-1)}(x))', \quad n \in \mathbb{N} \setminus \{1\}$

$f^{(n)}(x)$

Differentialquotient

Wenn in der Gleichung $f'(x) = \dfrac{\mathrm{d}f(x)}{\mathrm{d}x}$ der Term $f'(x)$ existiert, heißt $\dfrac{\mathrm{d}f(x)}{\mathrm{d}x}$ Differentialquotient.

Differential

$\mathrm{d}f(x) = f'(x)\,\mathrm{d}x$ heißt dann *Differential*.

Ableitungsregeln

Linearität $\quad (f \pm g)' = f' \pm g'$; $(c\,f)' = c\,f' \quad (c = \text{konst.})$

Produkt $\quad (f\,g)' = f'\,g + g'\,f$

Quotient $\quad \left(\dfrac{f}{g}\right)' = \dfrac{f'g - g'f}{g^2} \quad (g \neq 0)$

$(f+g)'$

$(f\,g)'$

$\left(\dfrac{f}{g}\right)'$

Verkettung $\quad g\colon x \mapsto g(x)$ und $f\colon g \mapsto f(g)$ und $(f \circ g)\colon x \mapsto f(g(x))$

$$(f \circ g)' = \big(f(g(x))\big)' = f'(g) \cdot g'(x)\,; \quad \frac{\mathrm{d}f}{\mathrm{d}x} = \frac{\mathrm{d}f}{\mathrm{d}g} \cdot \frac{\mathrm{d}g}{\mathrm{d}x}$$

Umkehrfunktion $\quad f\colon x \mapsto f(x)$ habe die Umkehrfunktion $\bar{f}\colon y \mapsto \bar{f}(y) = x$

Wenn $y_0 = f(x_0)$ und $f'(x_0) \neq 0$, gilt:

$$\bar{f}'(y_0) = \frac{1}{f'(x_0)}\,; \quad \frac{\mathrm{d}\bar{f}}{\mathrm{d}y} = \frac{\mathrm{d}x}{\mathrm{d}f} = 1 : \frac{\mathrm{d}f}{\mathrm{d}x}$$

Beispiel: $\quad f\colon x \mapsto f(x) = y = x^2; \quad x \in \mathbb{R}^+; \quad \bar{f}\colon y \mapsto \bar{f}(y) = \sqrt{y}$

$$\bar{f}'(y_0) = \frac{1}{2x_0} = \frac{1}{2\sqrt{y_0}}$$

(Ableitung von $\bar{f}$ an der Stelle y_0)

Mittelwertsatz (der Differentialrechnung)

Wenn $f\colon x \mapsto f(x)$ stetig auf $[a, b]$ und ableitbar auf $]a, b[$, gibt es mindestens eine Stelle c mit $a < c < b$, so daß gilt:

$$\frac{f(b) - f(a)}{b - a} = f'(c)$$

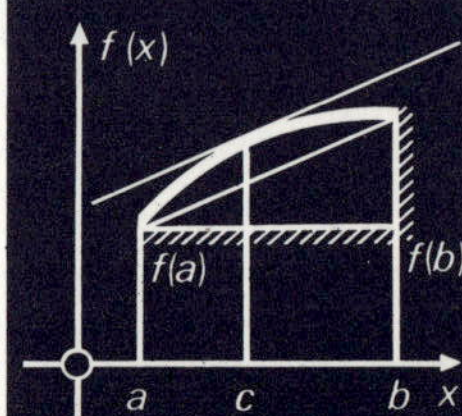

Tabelle von Ableitungen

$f(x)$	$f'(x)$	$f(x)$	$f'(x)$	$f(x)$	$f'(x)$	$f(x)$	$f'(x)$
c	0	$\sin x$	$\cos x$	e^x	e^x	$\arcsin x$	$\dfrac{1}{\sqrt{1-x^2}}$
x^n	$n \cdot x^{n-1}$	$\cos x$	$-\sin x$	a^x	$a^x \cdot \ln a$	$\arccos x$	$-\dfrac{1}{\sqrt{1-x^2}}$
$\sqrt{x}$	$\dfrac{1}{2\sqrt{x}}$	$\tan x$	$\dfrac{1}{\cos^2 x}$	$\ln x$	$\dfrac{1}{x}$	$\arctan x$	$\dfrac{1}{1+x^2}$
$x^{\frac{p}{q}}$	$\dfrac{p}{q} \cdot x^{\frac{p}{q}-1}$	$\cot x$	$-\dfrac{1}{\sin^2 x}$	$\log_a x$	$\dfrac{1}{x \cdot \ln a}$	$\operatorname{arccot} x$	$-\dfrac{1}{1+x^2}$

$f'(x)$

Kurvenuntersuchung (Durchlaufen der Kurve im Sinne wachsender x-Werte)

Steigen
Fallen

$$f'(x) \begin{cases} > 0 \text{ in } J \\ < 0 \text{ in } J \end{cases} \Leftrightarrow \text{Kurve (Funktion)} \begin{cases} \textit{steigt} \text{ in } J \\ \textit{fällt} \text{ in } J \end{cases}$$

$$f'(a) = 0 \Leftrightarrow \text{Kurve hat } \textit{waagrechte Tangente} \text{ in } P(a/f(a))$$

Hinreichende Bedingungen

Hochpunkt $f'(a) = 0 \wedge f''(a) < 0 \Rightarrow P(a \mid f(a))$ ist *Hochpunkt*

$f'(a) = 0$ und $f'(x)$ hat an der Stelle a Vorzeichenwechsel von + nach − $\Rightarrow P(a \mid f(a))$ ist *Hochpunkt* (relatives Maximum der Funktion)

Tiefpunkt $f'(a) = 0 \wedge f''(a) > 0 \Rightarrow P(a \mid f(a))$ ist *Tiefpunkt*

$f'(a) = 0$ und $f'(x)$ hat an der Stelle a Vorzeichenwechsel von − nach + $\Rightarrow P(a \mid f(a))$ ist *Tiefpunkt* (relatives Minimum der Funktion)

Wendepunkt $f''(a) = 0 \wedge f'''(a) \neq 0 \Rightarrow P(a \mid f(a))$ ist *Wendepunkt*

$f''(a) = 0$ und $f''(x)$ hat an der Stelle a einen Vorzeichenwechsel $\Rightarrow P(a \mid f(a))$ ist *Wendepunkt*

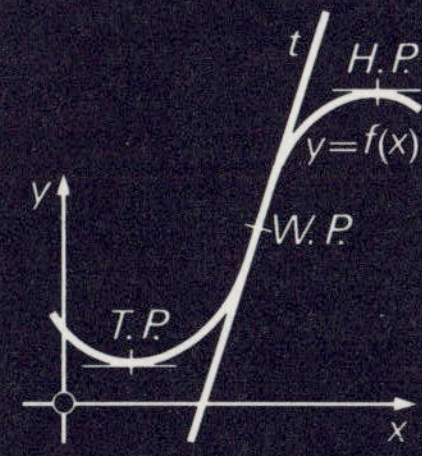

Subtangente und Subnormale in $P(a \mid f(a))$

$$\textit{Subtangente } \overline{P_0T} = \left| \frac{y(a)}{y'(a)} \right|; \quad \textit{Subnormale } \overline{P_0N} = | y(a) \cdot y'(a) |$$

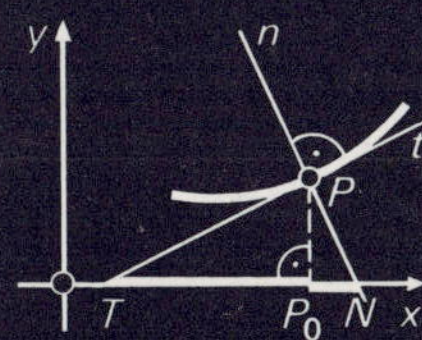

Krümmungskreis Radius:

$$\varrho = \frac{(1 + y'^2)^{\frac{3}{2}}}{y''} \qquad (y'' \neq 0)$$

Mittelpunkt $M(x_M \mid y_M)$:

$$x_M = x - \frac{y'(1 + y'^2)}{y''}; \quad y_M = y + \frac{1 + y'^2}{y''}$$

Parameterdarstellung

$$\begin{cases} x = \varphi(t) \\ y = \psi(t) \end{cases}; \quad \varphi'(t) = \frac{d\varphi}{dt}; \quad \frac{dy}{dx} = \frac{\psi'(t)}{\varphi'(t)}; \quad \frac{d^2y}{dx^2} = \frac{\varphi'\psi'' - \psi'\varphi''}{(\varphi')^3}$$

Polarkoordinaten

$$r = r(\varphi); \quad x = r\cos\varphi; \quad y = r\sin\varphi; \quad \tan\tau = \frac{r}{r'}$$

$$r' = \frac{dr}{d\varphi}, \quad \frac{dy}{dx} = \frac{r'\sin\varphi + r\cos\varphi}{r'\cos\varphi - r\sin\varphi}; \quad \frac{d^2y}{dx^2} = \frac{r^2 + 2r'^2 - r \cdot r''}{(r'\cos\varphi - r\sin\varphi)^3}$$

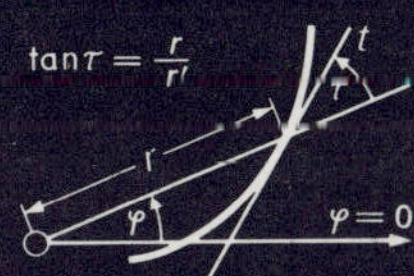

Ebene Bewegung *Parameter ist die Zeit t*

Bahnkurve: $x = \varphi(t) \qquad y = \psi(t)$

Geschwindigkeit: $v_x = \dot{x} = \varphi'(t) \qquad v_y = \dot{y} = \psi'(t)$

$$v = \sqrt{v_x^2 + v_y^2} \qquad \tan\tau = \frac{v_y}{v_x} = \frac{\psi'(t)}{\varphi'(t)}$$

Beschleunigung: $b_x = \ddot{x} = \varphi''(t) \qquad b_y = \ddot{y} = \psi''(t)$

$$b = \sqrt{b_x^2 + b_y^2} \qquad \tan\beta = \frac{b_y}{b_x} = \frac{\psi''(t)}{\varphi''(t)}$$

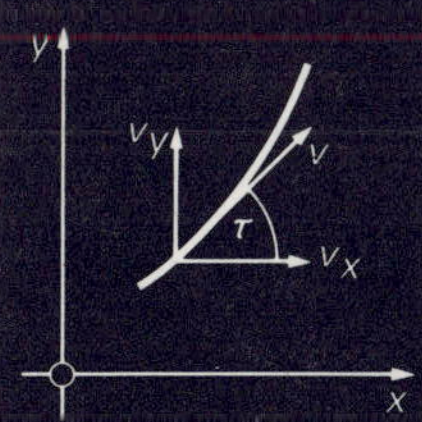

Näherungslösungen von f(x) = 0

Regula falsi:

$$x_s = x_1 - y_1 \frac{x_2 - x_1}{y_2 - y_1}$$

$((f(x_1) \cdot f(x_2) < 0)$

NEWTON*sches Verfahren:*

$$x_t = x_1 - \frac{f(x_1)}{f'(x_1)} \qquad x_{n+1} = x_n - \frac{f(x_n)}{f'(x_n)}$$

$(f'(x_1) \neq 0;\ f(x_1) \cdot f''(x_1) > 0;$
Vorzeichen von $f''(x)$ wechselt nicht)

vorher nicht umformen

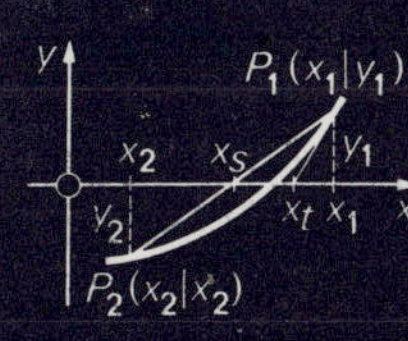

Nullstellen - Errechnung: Wertetabelle
- Intervallhalbierungsverfahren
- Iterationsverfahren: $x_{n+1} = f(x_n)$; $|f'(x)| > 1$ vorher nach x auflösen, umformen g(x) .. φ f(x) ...

Stammfunktion

$x \mapsto F(x)$ ist eine *Stammfunktion* von $x \mapsto f(x)$, wenn $F'(x) = f(x)$

Unbestimmtes Integral

$\int f(x)\,dx = F(x) + C$ (*C* Integrationskonstante)

TABELLE VON STAMMFUNKTIONEN:

$f(x) = F'(x)$	$F(x)$	$f(x) = F'(x)$	$F(x)$
c	$c\,x$	$\sin x$	$-\cos x$
x^n	$\frac{x^{n+1}}{n+1}$ $(n \neq -1)$	$\sin^2 x$	$\frac{1}{2}(x - \sin x \cos x)$
$\frac{1}{x}$	$\ln\lvert x\rvert$ $(x \neq 0)$	$\frac{1}{\sin x}$	$\ln\left\lvert \tan\frac{x}{2}\right\rvert$
e^x	e^x	$\frac{1}{\sin^2 x}$	$-\cot x$
a^x	$\frac{a^x}{\ln a}$ $(a > 0,\ a \neq 1)$	$\frac{1}{1+\sin x}$	$\tan\left(\frac{x}{2} - \frac{\pi}{4}\right)$
$\ln x$	$x \cdot \ln x - x$ $(x > 0)$	$\frac{1}{1-\sin x}$	$-\cot\left(\frac{x}{2} - \frac{\pi}{4}\right)$
$\frac{1}{x-a}$	$\ln\lvert x - a\rvert$	$\cos x$	$\sin x$
$\frac{1}{(x-a)(x-b)}$	$\frac{1}{a-b}\ln\left\lvert\frac{x-a}{x-b}\right\rvert$ $(a \neq b)$	$\cos^2 x$	$\frac{1}{2}(x + \sin x \cos x)$
$\frac{1}{(x-a)^2}$	$-\frac{1}{x-a}$	$\frac{1}{\cos x}$	$\ln\left\lvert\tan\left(\frac{x}{2} + \frac{\pi}{4}\right)\right\rvert$
$\frac{1}{x^2-a^2}$	$\frac{1}{2a}\ln\frac{x-a}{x+a}$ $(\lvert x\rvert > \lvert a\rvert)$	$\frac{1}{\cos^2 x}$	$\tan x$
$\frac{1}{a^2-x^2}$	$\frac{1}{2a}\ln\frac{a+x}{a-x}$ $(\lvert x\rvert < \lvert a\rvert)$	$\frac{1}{1+\cos x}$	$\tan\frac{x}{2}$
$\frac{1}{a^2+x^2}$	$\frac{1}{a}\arctan\frac{x}{a}$	$\frac{1}{1-\cos x}$	$-\cot\frac{x}{2}$
$\sqrt{a\,x+b}$	$\frac{2}{3a}\sqrt{(a\,x+b)^3}$	$\tan x$	$-\ln\lvert\cos x\rvert$
$\frac{1}{\sqrt{a\,x+b}}$	$\frac{2}{a}\sqrt{a\,x+b}$	$\tan^2 x$	$\tan x - x$
$\sqrt{x^2-a^2}$	$\frac{x}{2}\sqrt{x^2-a^2} - \frac{a^2}{2}\ln\left\lvert x + \sqrt{x^2-a^2}\right\rvert$	$\cot x$	$\ln\lvert\sin x\rvert$
$\frac{1}{\sqrt{x^2-a^2}}$	$\ln\left\lvert x + \sqrt{x^2-a^2}\right\rvert$	$\cot^2 x$	$-\cot x - x$
$\sqrt{a^2-x^2}$	$\frac{x}{2}\sqrt{a^2-x^2} + \frac{a^2}{2}\arcsin\frac{x}{a}$	$\arcsin x$	$x \cdot \arcsin x + \sqrt{1-x^2}$
$\frac{1}{\sqrt{a^2-x^2}}$	$\arcsin\frac{x}{a}$	$\arccos x$	$x \cdot \arccos x - \sqrt{1-x^2}$
$\sqrt{x^2+a^2}$	$\frac{x}{2}\sqrt{x^2+a^2} + \frac{a^2}{2}\ln\left(x + \sqrt{a^2+x^2}\right)$	$\arctan x$	$x \cdot \arctan x - \frac{1}{2}\ln(x^2+1)$
$\frac{1}{\sqrt{x^2+a^2}}$	$\ln\left(x + \sqrt{x^2+a^2}\right)$	$\operatorname{arccot} x$	$x \cdot \operatorname{arccot} x + \frac{1}{2}\ln(x^2+1)$

$a \cdot \frac{1}{\sqrt{x}}$ $2 \cdot x^{\frac{1}{2}} \cdot a$

Bestimmtes Integral ($a, b, c \in D$)

Bereich Intervalladditivität :

$$\int_a^b f(x)\,dx = -\int_b^a f(x)\,dx\,; \qquad \int_a^c f(x)\,dx + \int_c^b f(x)\,dx = \int_a^b f(x)\,dx$$

Linearität

$$\int_a^b k\,f(x)\,dx = k\int_a^b f(x)\,dx \qquad (k = \text{Konstante})$$

$$\int_a^b \big(f(x) \pm g(x)\big)\,dx = \int_a^b f(x)\,dx \pm \int_a^b g(x)\,dx$$

Produkt-integration

$$\int_a^b (u'\,v)\,dx = (u\,v)\Big|_a^b - \int_a^b (u\,v')\,dx \qquad \text{mit } u = f(x),\ v = g(x)$$

Substitution

äußere · innere Abl. ·

$$\int_a^b f\big(g(z)\big)\cdot g'(z)\,dz = \int_{g(a)}^{g(b)} f(x)\,dx \qquad \text{mit } x = g(z),\ g'(z) = \frac{dx}{dz}$$

Sonderfall: $\int_a^b \frac{f'(x)}{f(x)}\,dx = \ln|f(x)|\Big|_a^b$

Hauptsatz

$$\int_a^b f(x)\,dx = F(b) - F(a) = F(x)\Big|_a^b \qquad \text{mit } F'(x) = f(x)$$

Mittelwertsatz (der Integralrechnung)

$$\int_a^b f(x)\,dx = (b-a)\cdot f(c)$$

mit $a < c < b$, wenn $f(x)$ stetig auf $[a, b]$

Existenzsätze

Für jede auf $[a, b]$ stetige (oder monotone) Funktion $x \mapsto f(x)$ existiert $I(x) = \int_c^x f(x)\,dx$ mit $I'(x) = f(x)$ und $I(c) = 0$.

Flächen, Drehkörper, Bogenlänge

Ebene Flächen $A = \int_{x_1}^{x_2} f(x)\,dx$ (Kein Vorzeichenwechsel von $f(x)$ bzw. $g(y)$!) $\bar{A} = \int_{y_1}^{y_2} g(y)\,dy$

Fläche zwischen: $y = f(x)$ und x-Achse $\qquad x = g(y)$ und y-Achse

$$S = \frac{1}{2}\int_{t_1}^{t_2} (\varphi\,\psi' - \varphi'\,\psi)\,dt = \frac{1}{2}\int_{\varphi_1}^{\varphi_2} r^2\,d\varphi$$

(Sektor bei Parameterdarstellung, speziell in Polarkoordinaten)

Rotationskörper und -flächen

Volumen: $V_x = \pi\int_{x_1}^{x_2} y^2\,dx \qquad \bar{V}_y = \pi\int_{y_1}^{y_2} x^2\,dy$

Mantel: $M = 2\pi\int_{x_1}^{x_2} y\sqrt{1+y'^2}\,dx \qquad \bar{M} = 2\pi\int_{y_1}^{y_2} x\sqrt{1+x'^2}\,dy$

Drehung von: $y = f(x)$ um x-Achse $\qquad x = g(y)$ um y-Achse

Bogenlänge $l = \int_{x_1}^{x_2} \sqrt{1+y'^2}\,dx = \int_{t_1}^{t_2} \sqrt{\varphi'^2+\psi'^2}\,dt = \int_{\varphi_1}^{\varphi_2} \sqrt{r^2+r'^2}\,d\varphi$

$$\int_a^b f(x)\,dx$$

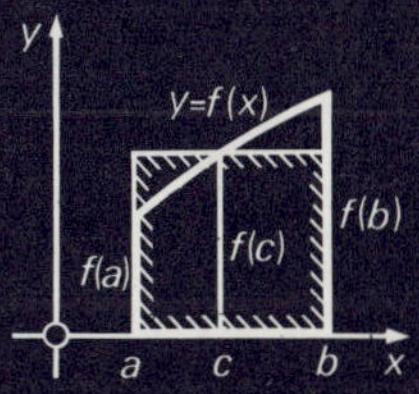

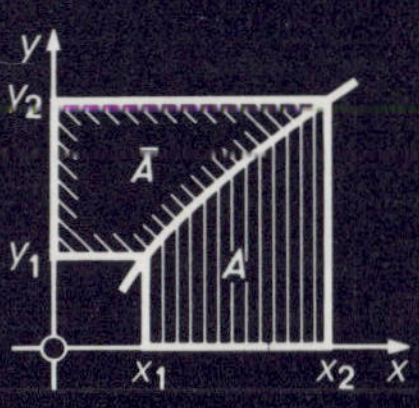

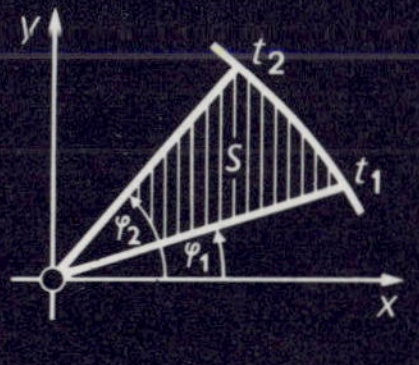

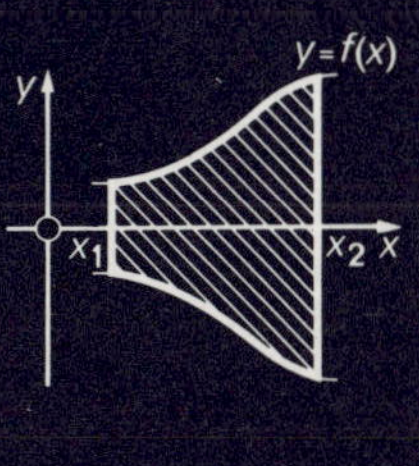

Abschätzbarkeit: $m(b-a) < \int_a^b f(x)dx < M(b-a)$

Numerische Integration

Intervall $[a, b]$ in $2m$ gleiche Teile mit der Breite $h = \frac{b-a}{2m}$ teilen.

$x_0 = a, \quad x_1 = a + h, \quad x_2 = a + 2h, \quad \ldots, \quad x_{2m} = b; \qquad y_k = f(x_k)$

Tangenten-Formel: $\int_a^b f(x)\,dx \approx 2h(y_1 + y_3 + y_5 + \cdots + y_{2m-1})$

KEPLER*sche Faßregel:* $\int_a^b f(x)\,dx \approx \frac{b-a}{6}(y_0 + 4y_1 + y_2);$

$y_0 = f(a); \qquad y_1 = f\left(\frac{a+b}{2}\right); \qquad y_2 = f(b)$

SIMPSON*sche Regel:* $\int_a^b f(x)\,dx \approx \frac{h}{3}\{y_0 + y_{2m} +$

$+ 2(y_2 + y_4 + \cdots + y_{2m-2}) + 4(y_1 + y_3 + \cdots + y_{2m-1})\}$

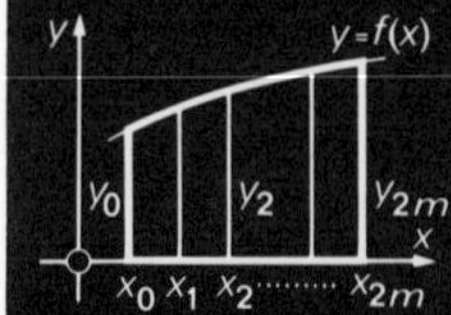

Differentialgleichungen, Hyperbelfunktionen

Lineare Differentialgleichungen mit konstanten Koeffizienten

$f' + af = 0$

Differentialgleichung		**Lösung** (a, b, c reelle Konstanten)
$f'(x) + a f(x) = 0$	für alle $x \in \mathbb{R}$	$f(x) = c\,e^{-ax}$
$f'(x) + a f(x) = g(x)$,	$g(x)$ stetig	$f(x) = e^{-ax}\left(c + \int_0^x g(x)\,e^{ax}\,dx\right)$, $f(0) = c$
$f''(x) + a f'(x) + b f(x) = 0$	für alle $x \in \mathbb{R}$	
a) $a^2 - 4b > 0$ mit $r_{1;2} = \frac{-a \pm \sqrt{a^2 - 4b}}{2}$		$f(x) = c_1 e^{r_1 x} + c_2 e^{r_2 x}$
b) $a^2 - 4b = 0$		$f(x) = e^{-\frac{a}{2}x}(c_1 + c_2 x)$
c) $a^2 - 4b < 0$ mit $k = \sqrt{b - \frac{a^2}{4}}$		$f(x) = e^{-\frac{a}{2}x}(c_1 \cos kx + c_2 \sin kx)$
$A = \sqrt{c_1^2 + c_2^2} \neq 0$, $\tan\alpha = \frac{c_1}{c_2}$		$= A\,e^{-\frac{a}{2}x} \sin(kx + \alpha)$

Hyperbel- und Areafunktionen

$\sinh x = \frac{e^x - e^{-x}}{2}$ $\qquad \cosh x = \frac{e^x + e^{-x}}{2}$ (Kettenlinie)

$\tanh x = \frac{e^x - e^{-x}}{e^x + e^{-x}} = \frac{e^{2x} - 1}{e^{2x} + 1}$ $\qquad \coth x = \frac{e^x + e^{-x}}{e^x - e^{-x}} = \frac{e^{2x} + 1}{e^{2x} - 1}$

$\cosh^2 x - \sinh^2 x = 1$ $\qquad \cosh^2 x + \sinh^2 x = \cosh 2x$

$\sinh 2x = 2 \cosh x \cdot \sinh x$ $\qquad \tanh x = \frac{\sinh x}{\cosh x}$

$\operatorname{arsinh} x = \ln\left(x + \sqrt{x^2 + 1}\right)$ $\qquad \operatorname{arcosh} x = \ln\left(x + \sqrt{x^2 - 1}\right)$ $(|x| \geqq 1)$

$\operatorname{artanh} x = \frac{1}{2} \ln \frac{1+x}{1-x}$ $(|x| < 1)$; $\qquad \operatorname{arcoth} x = \frac{1}{2} \ln \frac{x+1}{x-1}$ $(|x| > 1)$

$\sinh y = x \Leftrightarrow y = \operatorname{arsinh} x$ $\qquad$ entsprechend $y = \operatorname{artanh} x$ usw.

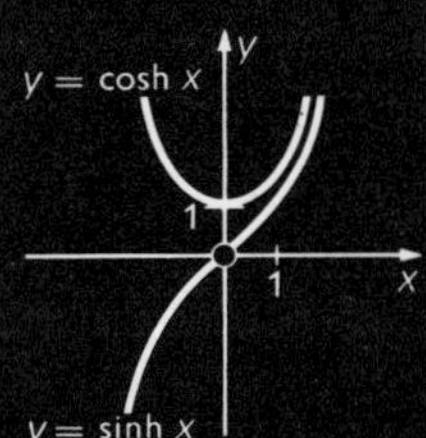

$f(x)$	$f'(x)$	$f(x)$	$f'(x)$	$f(x)$	$f'(x)$	$f(x)$	$f'(x)$
$\sinh x$	$\cosh x$	$\tanh x$	$\frac{1}{\cosh^2 x}$	$\operatorname{arsinh} x$	$\frac{1}{\sqrt{x^2+1}}$	$\operatorname{artanh} x$	$\frac{1}{1-x^2}$ $(\lvert x \rvert < 1)$
$\cosh x$	$\sinh x$	$\coth x$	$-\frac{1}{\sinh^2 x}$	$\operatorname{arcosh} x$	$\frac{1}{\sqrt{x^2-1}}$	$\operatorname{arcoth} x$	$\frac{1}{1-x^2}$ $(\lvert x \rvert > 1)$

Unendliche Reihen

Konvergenzkriterien

Bezeichnung: $\sum_{n=1}^{\infty} a_n = a_1 + a_2 + a_3 + \cdots + a_n + \cdots$

Abstand $d=4$

$4+12+16+20$

Notwendige Konvergenzbedingung: $\lim_{n \to \infty} a_n = 0$

$a_n = a_1 + (n-1) \cdot d$

Hinreichende Bedingungen:

$s_n = \frac{n}{2}(a_1 + a_n)$

I. für Reihen mit nur positiven Gliedern:

a) $a_n \leqq b_n$ und $\sum_1^{\infty} b_n$ (Majorante) konvergiert

b) $\lim_{n \to \infty} \frac{a_{n+1}}{a_n} \leqq q < 1$ (Quotientenkriterium)

c) $\lim_{n \to \infty} \sqrt[n]{a_n} < 1$ (Wurzelkriterium)

II. für alternierende Reihen:

$\lim_{n \to \infty} a_n = 0$ und $|a_{n+1}| < |a_n|$ (LEIBNIZsches Kriterium)

Potenzreihenentwicklung*

TAYLORsche Formel — MACLAURIN*sche Form*

$$f(x) = f(0) + \frac{f'(0)}{1!} x + \frac{f''(0)}{2!} x^2 + \cdots + \frac{f^{(n)}(0)}{n!} x^n + R_n(x)$$

$$R_n(x) = \frac{x^{n+1}}{(n+1)!} f^{(n+1)}(\vartheta x)$$ wobei $0 < \vartheta < 1$ (Restglied von LAGRANGE)

— *Allgemeine Form*

$$f(x_0 + h) = f(x_0) + \frac{f'(x_0)}{1!} h + \frac{f''(x_0)}{2!} h^2 + \cdots + \frac{f^{(n)}(x_0)}{n!} + R_n(h)$$

$$R_n(h) = \frac{1}{n!} \int_{x_0}^{x_0+h} (x_0 + h - x)^n \cdot f^{(n+1)}(x)\, dx$$ (Restglied in Integralform)

$$\frac{1}{1+x} = 1 - x + x^2 - x^3 + - \cdots \qquad |x| < 1$$

$$(1+x)^m = 1 + \binom{m}{1} x + \binom{m}{2} x^2 + \binom{m}{3} x^3 + \cdots \qquad |x| < 1$$ (m beliebig)

$$\frac{1}{\sqrt{1+x}} = 1 - \frac{1}{2} x + \frac{3}{8} x^2 - \frac{5}{16} x^3 + \frac{35}{128} x^4 - + \cdots \qquad |x| < 1$$

$$e^x = 1 + \frac{x}{1!} + \frac{x^2}{2!} + \frac{x^3}{3!} + \cdots \qquad \text{für alle } x$$

$$\ln(1+x) = x - \frac{x^2}{2} + \frac{x^3}{3} - \frac{x^4}{4} + - \cdots \qquad -1 < x \leqq +1$$

$$\ln x = 2\left[\left(\frac{x-1}{x+1}\right) + \frac{1}{3}\left(\frac{x-1}{x+1}\right)^3 + \frac{1}{5}\left(\frac{x-1}{x+1}\right)^5 + \cdots\right] \qquad x > 0$$

$$\sin x = \frac{x}{1!} - \frac{x^3}{3!} + \frac{x^5}{5!} - \frac{x^7}{7!} + - \cdots \qquad \text{für alle } x$$

$$\cos x = 1 - \frac{x^2}{2!} + \frac{x^4}{4!} - \frac{x^6}{6!} + - \cdots \qquad \text{für alle } x$$

$$\arcsin x = x + \frac{1}{2} \cdot \frac{x^3}{3} + \frac{1 \cdot 3}{2 \cdot 4} \cdot \frac{x^5}{5} + \frac{1 \cdot 3 \cdot 5}{2 \cdot 4 \cdot 6} \cdot \frac{x^7}{7} + \cdots \qquad |x| \leqq 1$$

$$\arctan x = x - \frac{x^3}{3} + \frac{x^5}{5} - \frac{x^7}{7} + - \cdots \qquad |x| \leqq 1$$

* **Näherungsformeln** mit Fehlerabschätzungen s. S. 15

$\sum_{n=1}^{\infty} a_n$

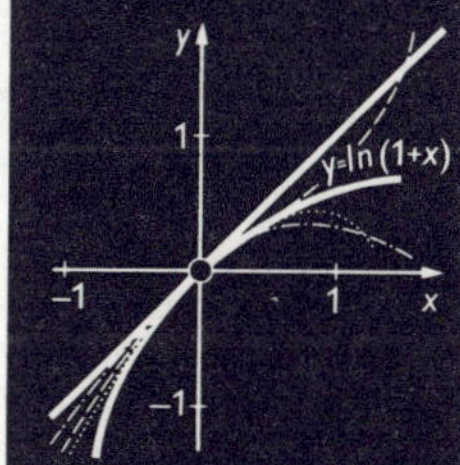

$\sum_{n=0}^{\infty} a_n x^n$

Erwartungswerte

Kombinatorik

Kombinatorik

Ohne Wiederholung (ow)	Mit Wiederholung (mw)
Permutationen n verschiedene Elemente Zahl der Permutationen $P_{\text{ow}} = n!$ *Beispiel:* $n = 3$; a, b, c $P_{\text{ow}} = 6$, nämlich: abc, acb, bac, bca, cab, cba	**Permutationen** Unter den n Elementen sind $n_1, n_2, \ldots, n_k$ unter sich gleich. Zahl der Permutat. $P_{\text{mw}} = \dfrac{n!}{n_1!\, n_2! \ldots n_k!}$ *Beispiel:* $n = 3$; $n_1 = 2$; a, a, b $P_{\text{mw}} = 3$, nämlich: aab, aba, baa
Variationen Zahl der Variationen $V_{\text{ow}} = k! \binom{n}{k}$ *Beispiel:* $n = 3$; $k = 2$; a, b, c $V_{\text{ow}} = 6$, nämlich: ab, ba, ca, ac, bc, cb	**Variationen** Zahl der Variationen $V_{\text{mw}} = n^k$ *Beispiel:* $n = 3$; $k = 2$; a, b, c $V_{\text{mw}} = 9$, nämlich: aa, ba, ca, ab, bb, cb, ac, bc, cc
Kombinationen Zahl der Kombinationen $K_{\text{ow}} = \binom{n}{k}$ *Beispiel:* $n = 3$; $k = 2$; a, b, c $K_{\text{ow}} = 3$, nämlich: ab, ac, bc	**Kombinationen** Zahl der Kombinationen $K_{\text{mw}} = \binom{n+k-1}{k}$ *Beispiel:* $n = 3$; $k = 2$; a, b, c $K_{\text{mw}} = 6$, nämlich: aa, ab, ac, bb, bc, cc

Wahrscheinlichkeitsrechnung (für endlich viele Ereignisse)

Ereignis E

Bezeichnungen:

Das *Ereignis* E tritt mit der Wahrscheinlichkeit $p(E)$ ein, wobei $0 \leqq p(E) \leqq 1$.
Das entgegengesetzte Ereignis, (Nicht-E) $= \bar{E}$ hat dann die Wahrscheinlichkeit:
$p(\bar{E}) = 1 - p(E)$

$p(E)$ **$p(\bar{E})$**

Bei n Ereignissen $E_1, E_2 \ldots E_n$ seien die zugehörigen Wahrscheinlichkeiten $p_1, p_2 \ldots p_n$.

Additionssatz

a) Die Ereignisse $E_1, E_2 \ldots E_n$ **schließen sich gegenseitig paarweise aus:**
Die Wahrscheinlichkeit, daß irgend eines dieser Ereignisse eintritt ist:
$p(E_1 \vee E_2 \vee \ldots \vee E_n) = p_1 + p_2 + \ldots + p_n$

b) Die Ereignisse E_1 und E_2 **schließen sich nicht aus:**
Die Wahrscheinlichkeit des Eintretens von mindestens einem dieser Ereignisse ist:
$p(E_1 \vee E_2) = p_1 + p_2 - p(E_1 \wedge E_2)$

$p(E_1 \vee E_2)$

Multiplikationssatz

a) Die Ereignisse sind **unabhängig** voneinander: Die Wahrscheinlichkeit, daß die Ereignisse $E_1, E_2 \ldots E_n$ gleichzeitig bzw. nacheinander eintreten, ist
$p(E_1 \wedge E_2 \wedge E_3 \wedge \ldots \wedge E_n) = p_1 \cdot p_2 \cdot p_3 \ldots p_n$
Wenn diese Bedingung erfüllt ist, folgt daraus umgekehrt die Unabhängigkeit der Ereignisse.

$p(E_1 \wedge E_2)$

b) Die Ereignisse E_1 und E_2 sind **abhängig** voneinander. Wenn $p(E_2/E_1)$ die Wahrscheinlichkeit ist für das Eintreten von E_2 unter der Bedingung, daß E_1 schon eingetreten ist, dann ist die Wahrscheinlichkeit für das gleichzeitige Eintreten von E_1 und E_2:
$p(E_1 \wedge E_2) = p_1 \cdot p(E_2/E_1)$ (Bedingte Wahrscheinlichkeit)

Sonderfall „*mindestens ein Ereignis*“: Die Wahrscheinlichkeit, daß von n unabhängigen Ereignissen mit der gleichen Einzelwahrscheinlichkeit p mindestens eines eintritt, ist:
$p(E_1, E_2, \ldots E_n) = 1 - (1 - p)^n$

Sonderfall BERNOULLI*sche Formel*: Ein Ereignis E tritt in n unabhängigen Versuchen jeweils mit der gleichen Einzelwahrscheinlichkeit p auf. Die Wahrscheinlichkeit für k-maliges Eintreten von E und $(n - k)$-maliges Eintreten von Nicht-E ist:

$$p_n(k) = \binom{n}{k} \cdot p^k \cdot (1 - p)^{n-k}$$

$p_n(k)$

Statistik

Diskrete Verteilung — Die meßbare Zufallsvariable x nimmt nur die (diskreten) Werte x_i mit den Wahrscheinlichkeiten p_i $(i = 1, 2, \ldots, n)$ an.

Mittelwert (Erwartungswert) — der Variablen ist $\mu = \sum_{i=1}^{n} x_i p_i$

μ

Standardabweichung (Streuung) — ist σ mit $\sigma^2 = \sum_{i=1}^{n} (x_i - \mu)^2 p_i$ (Varianz)

σ

Binomialverteilung — Bei n unabhängigen Versuchen tritt ein Merkmal A immer mit der gleichen Einzelwahrscheinlichkeit p auf. Dann ist die Wahrscheinlichkeitsverteilung p_i für i-maliges Auftreten von A:

$$p_i = \binom{n}{i} \cdot p^i \cdot (1-p)^{n-i} \qquad (i = 1, 2, \ldots, n)$$

p_i

BERNOULLIsche Formel, und es ist:

$$\mu = \sum_{n=i}^{n} i\, p_i = n\,p; \quad \sigma = \sqrt{n\,p\,(1-p)}$$

Normalverteilung — Die stetige Zufallsvariable x hat die Wahrscheinlichkeitsdichte

$$h(x) = \frac{1}{\sigma\sqrt{2\pi}}\, e^{-\frac{1}{2}\left(\frac{x-\mu}{\sigma}\right)^2}$$ (GAUSSsche Fehlerkurve)

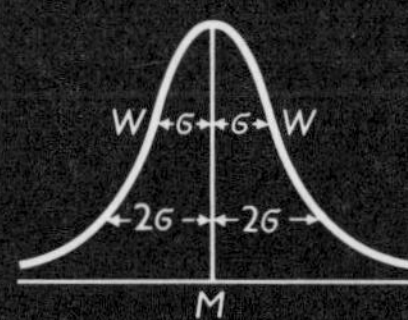

Wendepunktsabzissen $x_W = \mu \pm \sigma$

Normalform: $\mu = 0, \quad \sigma = 1: \quad \varphi(x) = \frac{1}{\sqrt{2\pi}}\, e^{-\frac{x^2}{2}}$

Anwendung auf Stichprobe

Empirischer Mittelwert — $M = \frac{1}{n} \sum_{i=1}^{n} x_i$

M

Empirische Standardabweichung — s mit $s^2 = \frac{1}{n-1} \cdot \sum_{i=1}^{n} (x_i - M)^2$

s

Logik (Ergänzungen zu S. 1)

Quantoren

Zeichen Ist $B(x)$ eine Bedingung in der x frei vorkommt, so bedeutet:

$\bigwedge_x B(x)$ — für alle x gilt $B(x)$ (*Allquantor*) *Beispiel:* $\bigwedge_x (x+1)^2 = x^2 + 2x + 1$

$\bigvee_x B(x)$ — es gibt (wenigstens) ein x, für das $B(x)$ gilt (*Existenzquantor*)
Beispiel: $\bigvee_x x^3 + x^2 + x - 3 = 0 \quad (x \in \mathbb{R})$

$\bigwedge_x$ $\bigvee_x$

Definitionen, Gesetze

Für endliche Mengen $U = \{a_1, \ldots, a_n\}$, gilt:

$$\bigwedge_{x \in U} B(x) \Leftrightarrow B(a_1) \wedge B(a_2) \wedge \ldots \wedge B(a_n)$$
$$\bigvee_{x \in U} B(x) \Leftrightarrow B(a_1) \vee B(a_2) \vee \ldots \vee B(a_n)$$

Verneinungsgesetze:

$$\neg \bigwedge_x B(x) \Leftrightarrow \bigvee_x \neg B(x)$$
$$\neg \bigvee_x B(x) \Leftrightarrow \bigwedge_x \neg B(x)$$

$$\bigvee_x \bigwedge_y B(x,y) \Rightarrow \bigwedge_y \bigvee_x B(x,y)$$

Aussagenlogik — s. auch S. 1

$p \rightarrow q$

$p \leftrightarrow q$

$p \nleftrightarrow q$

Junktoren sind die Verknüpfungszeichen $\neg, \wedge, \vee, \rightarrow, \leftrightarrow, \nleftrightarrow$

Subjunktion $p \rightarrow q$, p subjungiert q

Bisubjunktion $p \leftrightarrow q$, p bisubjungiert q
(Äquijunktion)

Antivalenz $p \nleftrightarrow q$, entweder p oder q (ausschließendes oder)

p	q	$p \rightarrow q$	$p \leftrightarrow q$	$p \nleftrightarrow q$
w	w	w	w	f
w	f	f	f	w
f	w	w	f	w
f	f	w	w	f

Zusammenhänge $p \rightarrow q \Leftrightarrow \neg p \vee q$

$p \leftrightarrow q \Leftrightarrow (\neg p \vee q) \wedge (p \vee \neg q)$

$p \nleftrightarrow q \Leftrightarrow \neg (p \leftrightarrow q) \Leftrightarrow (p \wedge \neg q) \vee (\neg p \wedge q)$

Aussageform (AF)

AF

Eine AF ist ein aus Aussagevariablen ($p, q, r, \ldots$) und Junktoren zusammengesetztes Gebilde. Auch eine Aussagevariable allein ist eine AF.

Eine AF, die bei *jeder* Belegung ihrer Variablen den Wahrheitswert w annimmt, heißt **Wahrform** (Tautologie, logisch wahre AF, logisches Gesetz).

Eine AF, die bei *jeder* Belegung ihrer Variablen den Wahrheitswert f annimmt, heißt **Falschform** (Kontradiktion, logisch falsche AF, logischer Widerspruch).

Eine AF, die weder Wahrform noch Falschform ist, heißt **Neutralform** (Neutralität, logisch teilgültige AF).

Beispiele: $p \vee \neg p$, $\neg (p \wedge q) \vee q$, sind *Wahrformen*
$p \wedge \neg p$, $\neg (p \vee q) \wedge q$, sind *Falschformen*
p, $p \vee q$, $p \wedge q$, $p \rightarrow q$, sind *Neutralformen* (sie können w oder f sein!).

Klammerersparungsregeln (siehe auch DIN 5474)

( )

Zur Ersparung von Klammern trifft man folgende Festsetzungen:

- Außenklammern einer einzeln stehenden Aussageform können weggelassen werden.
- $\neg$ bindet stärker als $\wedge, \vee$; $\wedge, \vee$ binden stärker als $\rightarrow, \leftrightarrow, \nleftrightarrow$.
- $\wedge, \vee$ binden unter sich gleich stark, ebenso $\rightarrow, \leftrightarrow, \nleftrightarrow$.

Beispiel: Statt $((\neg p) \rightarrow (\neg p) \wedge q))$ kann man schreiben: $\neg p \rightarrow \neg p \wedge q$.

Logische Implikation und Äquivalenz

$p \Rightarrow q$

$p \Leftrightarrow q$

Definitionen A, B seien Aussageformen

$A \Rightarrow B$ (A impliziert B, B folgt aus A), wenn $A \rightarrow B$ Wahrform ist.
$A \Leftrightarrow B$ (A äquivalent B, B äquivalent A), wenn $A \leftrightarrow B$ Wahrform ist.

Beispiel: $p \wedge q \Rightarrow p \vee q$, weil $p \wedge q \rightarrow p \vee q$ Wahrform ist.

Anm.: $\Rightarrow, \Leftrightarrow$ sind *keine Verknüpfungszeichen.* Für $\Rightarrow$ wird auch Zeichen $\models$ verwendet.

Gesetze der Aussagenalgebra (-Aussagenlogik)

(∨, ∧)

Kommutativgesetze **Assoziativgesetze** **Distributivgesetze**	$p \vee q \Leftrightarrow q \vee p$ $(p \vee q) \vee r \Leftrightarrow p \vee (q \vee r)$ $p \vee (q \wedge r) \Leftrightarrow (p \vee q) \wedge (p \vee r)$	$p \wedge q \Leftrightarrow q \wedge p$ $(p \wedge q) \wedge r \Leftrightarrow p \wedge (q \wedge r)$ $p \wedge (q \vee r) \Leftrightarrow (p \wedge q) \vee (p \wedge r)$
Idempotenzgesetze **Absorptionsgesetze**	$p \vee p \Leftrightarrow p$ $p \vee (p \wedge q) \Leftrightarrow p$	$p \wedge p \Leftrightarrow p$ $p \wedge (p \vee q) \Leftrightarrow p$
DE MORGANgesetze und andere Verneinungsgesetze $\neg(\neg p) = p$ $\neg w = f$; $\neg f = w$	$\neg (p \vee q) \Leftrightarrow \neg p \wedge \neg q$ $p \vee \neg p \Leftrightarrow W$ Satz vom ausgeschlossenen Dritten	$\neg (p \wedge q) \Leftrightarrow \neg p \vee \neg q$ $p \wedge \neg p \Leftrightarrow F$ (äquivalent $\neg (p \wedge \neg p) \Leftrightarrow W$) Satz vom Widerspruch
DUALITÄTSPRINZIP	Wenn im Gesetz stehen $\vee, \wedge, \rightarrow, w, f, \Leftrightarrow,$	dann stehen im dualen Gesetz $\wedge, \vee, \leftarrow, f, w, \Leftrightarrow$

Kontrapositionsgesetz	$(p \rightarrow q) \Leftrightarrow (\neg q \rightarrow \neg p)$	
Transitivgesetz	$((p \rightarrow q) \wedge (q \rightarrow r)) \Leftrightarrow (p \rightarrow r)$	
Abtrenngesetze	$p \wedge (p \rightarrow q) \Rightarrow q$	(direkter Schluß)
	$(p \rightarrow q) \wedge \neg q \Rightarrow \neg p$	(indirekter Schluß)

$$\frac{p \quad p \rightarrow q}{q}$$

W (F) ist ein Zeichen für eine Wahrform (Falschform); für W schreibt man auch $\top$ (True), für F auch $\bot$.

Schaltalgebra (siehe auch BOOLEscher Verband S. 38)

Rechengesetze der Schaltalgebra ($(\{0, 1\}, \vee, \wedge, -)$) $\bar{\bar{a}} = a$

($K_\vee$) $a \vee b = b \vee a$	($K_\wedge$) $a \wedge b = b \wedge a$
($A_\vee$) $(a \vee b) \vee c = a \vee (b \vee c)$	($A_\wedge$) $(a \wedge b) \wedge c = a \wedge (b \wedge c)$
($V_\vee$) $a \vee (a \wedge b) = a$	($V_\wedge$) $a \wedge (a \vee b) = a$
($D_\vee$) $a \vee (b \wedge c) = (a \vee b) \wedge (a \vee c)$	($D_\wedge$) $a \wedge (b \vee c) = (a \wedge b) \vee (a \wedge c)$
($C_\vee$) $a \vee \bar{a} = 1$	($C_\wedge$) $a \wedge \bar{a} = 0$
($I_\vee$) $a \vee a = a$	($I_\wedge$) $a \wedge a = a$
($M_\vee$) $\overline{a \vee b} = \bar{a} \wedge \bar{b}$	($M_\wedge$) $\overline{a \wedge b} = \bar{a} \vee \bar{b}$
($N_\vee$) $a \vee 0 = a$	($N_\wedge$) $a \wedge 1 = a$
0 ist das neutrale Element bzgl. $\vee$	1 ist das neutrale Element bzgl. $\wedge$
$\bar{0} = 1,\ 0 \vee 0 = 0,\ 0 \vee 1 = 1,\ 1 \vee 1 = 1$	$\bar{1} = 0,\ 0 \wedge 0 = 0,\ 0 \wedge 1 = 0,\ 1 \wedge 1 = 1$

Anmerkung: Statt der Zeichen $\wedge$, $\vee$ werden auch die Zeichen $\cdot$, $+$ verwendet. Legt man – wie in der normalen Algebra – fest (vergleiche auch die Klammerregeln auf S. 32) „$\cdot$ bindet stärker als $+$", so erhält man Gesetze wie:

$a + 0 = a;\quad a \cdot 1 = a;\quad a(b + c) = ab + ac$

$a + 1 = 1;\quad a \cdot a = a;\quad a + bc = (a + b)(a + c)$

Umformung von Schaltbildern

Satz: Einer Äquivalenzumformung von Ausdrücken (Termen) entspricht eine Äquivalenzumformung von Schaltbildern.

Beispiel:

$$\begin{aligned}[(a \wedge b) \vee (a \wedge \bar{b}) \vee c] \wedge (b \vee c) &= \{[a \wedge (b \vee \bar{b})] \vee c\} \wedge (b \vee c) && (D_\wedge)\\ &= [(a \wedge 1) \vee c] \wedge (b \vee c) && (C_\vee)\\ &= (a \vee c) \wedge (b \vee c) && (a \wedge 1) = a\\ &= (a \wedge b) \vee c && (K_\vee), (D_\vee), (K_\vee)\end{aligned}$$

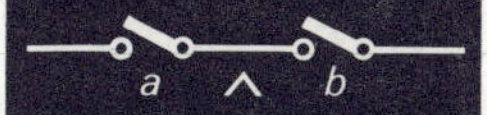

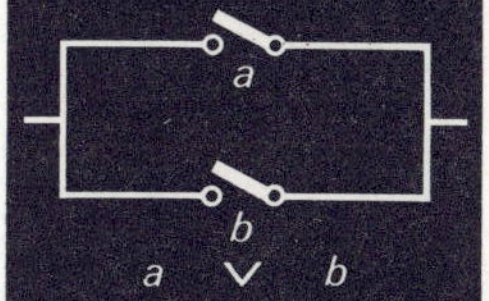

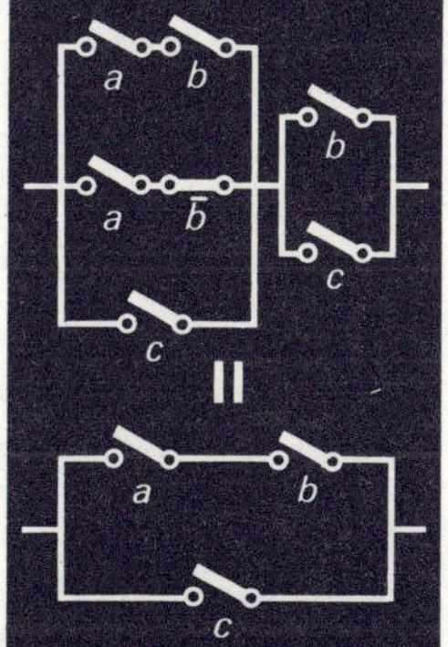

Mengenalgebra (Ergänzungen zu S. 1)

Gesetze der Mengenalgebra (Grundmenge G; $A, B, C \subset G$)

Kommutativgesetze	$A \cup B = B \cup A$	$A \cap B = B \cap A$
Assoziativgesetze	$(A \cup B) \cup C = A \cup (B \cup C)$	$(A \cap B) \cap C = A \cap (B \cap C)$
Distributivgesetze	$A \cup (B \cap C) = (A \cup B) \cap (A \cup C)$	$A \cap (B \cup C) = (A \cap B) \cup (A \cap C)$
Idempotenzgesetze	$A \cup A = A$	$A \cap A = A$
Absorptionsgesetze	$A \cup (A \cap B) = A$	$A \cap (A \cup B) = A$
DE MORGANgesetze	$\overline{(A \cup B)} = \bar{A} \cap \bar{B}$	$\overline{(A \cap B)} = \bar{A} \cup \bar{B}$
und andere Gesetze	$A \cup G = G$	$A \cap \{\} = \{\}$
für Komplementmengen	$A \cup \{\} = A$	$A \cap G = A$
$\bar{\bar{A}} = A$, $\bar{G} = \{\}$, $\overline{\{\}} = G$	$A \cup \bar{A} = G$	$A \cap \bar{A} = \{\}$
DUALITÄTSPRINZIP	Wenn im Gesetz stehen $\cup, \cap, \subset, G, \{\}, =,$	dann stehen im dualen Gesetz $\cap, \cup, \supset, \{\}, G, =$

(∪, ∩)

Mengenalgebra und andere Algebren – Gegenüberstellung

Mengenalgebra (MA), **Aussagenalgebra** (AA), **Schaltalgebra** (SA) sind Modelle einer **BOOLEschen Algebra** (siehe S. 38).

Dabei entsprechen sich die folgenden Begriffe und Verknüpfungen:

(MA)	$A, B, \ldots$	$\bar{A}, \bar{B}, \ldots$	$\cap$	$\cup$	$\subset$	G	$\{\}$	$=$
(AA)	$p, q, \ldots$	$\neg p, \neg q, \ldots$	$\wedge$	$\vee$	$\Rightarrow$	w	f	$\Leftrightarrow$
(SA)	$a, b, \ldots$	$\bar{a}, \bar{b}, \ldots$	$\wedge$	$\vee$	$\Rightarrow$	1	0	$=$

In allen drei Modellen gilt das *Dualitätsprinzip*.

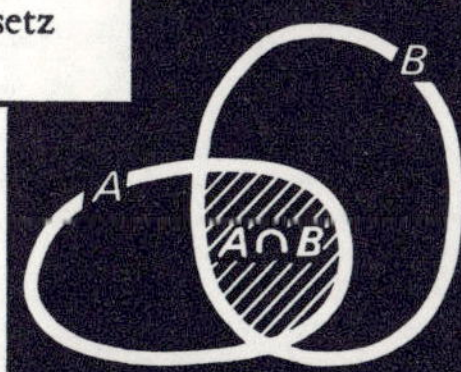

$p \wedge q$

Relationen (allgemeine Mengenabbildungen)

Zweistellige Relationen

Eine *zweistellige Relation* R zwischen den Mengen A und B kennzeichnet eine Beziehung, die zwischen den Elementen $x \in A$ und $y \in B$ besteht. Für jedes geordnete Paar (x,y) muß feststehen, ob x und y in dieser Beziehung stehen. Durch Angabe aller geordneten Paare (x,y), die zu der Relation gehören, ist die Relation festgelegt.

Beispiele: 1. A = Menge der Einwohner von Aachen, B = Menge der Einwohner von Berlin — Beziehung: x ist verwandt mit y

2. $A = \{2, 3, 4, 5, 6\}$, $B = \{11, 12, 15\}$ — *Beziehung:* x teilt y (geschrieben $x \mid y$)
Relation: $2 \mid 12$, $3 \mid 12$, $3 \mid 15$, $4 \mid 12$, $5 \mid 15$, $6 \mid 12$
$R = \{(2, 12), (3, 12), (3, 15), (4, 12), (5, 15), (6, 12)\}$

$R \subset A \times B$

Definitionen und Bezeichnungen

Relation
- *aus A in B* heißt jede Teilmenge $R = \{(x,y) \mid x \in A \wedge y \in B\} \subset A \times B)$.
- *von A in* (auf) *B* Der Vorbereich ist A selbst, keine echte Teilmenge von A.
- *aus* (von) *A auf B* Der Nachbereich ist B selbst, keine echte Teilmenge von B.

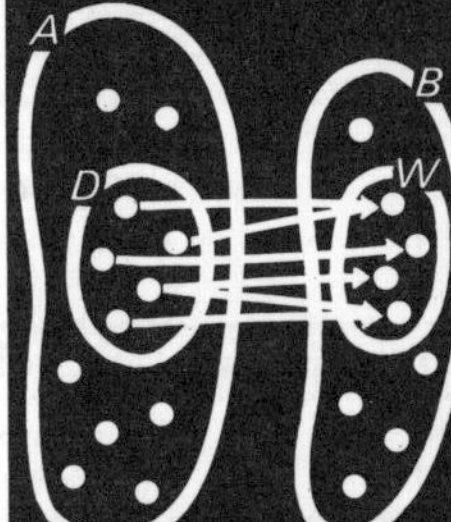

Vorbereich D (Definitionsbereich, Argumentbereich) ist die Menge $\{x \mid x \in A\}$ für die es ein $y \in B$ gibt mit $(x,y) \in R$.

Nachbereich W (Wertbereich, Bildbereich) ist die Menge $\{y \mid y \in B\}$ für die es ein x gibt mit $(x,y) \in R$.

Bild von x y ist Bild von x, wenn $x \in A \wedge (x,y) \in R$.

Urbild von y x ist Urbild von y, wenn $y \in B \wedge (x,y) \in R$.

rechtseindeutig (auch bloß eindeutig genannt) ist eine Relation R, wenn jedes $x \in D$ *nur ein* Bild y in $(x,y) \in R$ besitzt.

Bildmenge $R(X)$ einer Menge $X \subset A$ ist die Menge der Bilder aller $x \in X$

Inverse Relation $\overline{R}$ (oder R^{-1}) ist die Menge der geordneten Paare (y, x), für die $(x,y) \in R$.

Relation auf M Ist $A = B = M$, dann heißt R eine Relation auf M.

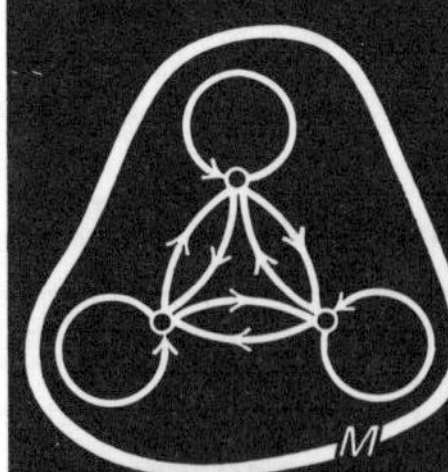

Schreibweisen: $x R y$; $(x, y) \in R$; $R = \{(x_1, y_1), \ldots\}$
$R = \{(x, y) \mid$ mit der Eigenschaft $\ldots\}$

Sprechweisen: zwischen x und y besteht die Relation R; x steht zu y in der Relation R; das geordnete Paar (x, y) gehört zu R; (x, y) ist Element von $R \subset A \times B$, kürzer $(x, y) \in R$.

Eigenschaften einer Relation R auf M:

R ist **reflexiv,** wenn für alle $x \in M$ gilt: $x R x$

R ist **symmetrisch,** wenn für alle $x, y \in M$ gilt: aus $x R y$ folgt $y R x$

R ist **transitiv,** wenn für alle $x, y, z \in M$ gilt: aus $x R y$ und $y R z$ folgt $x R z$

Beispiele:

	M = *Menge aller Berliner*; *R bedeutet:*	$M = \mathbb{N}$; *R bedeutet:*
R reflexiv:	x hat dieselbe Haarfarbe wie y	x teilt y
R symmetrisch:	x ist verheiratet mit y	$x + y = 100$
R transitiv:	x ist älter als y	x ist Vielfaches von y

R irreflexiv, wenn *für kein* $x \in M$ die Relation R reflexiv ist

R asymmetrisch, wenn *für kein* $x, y \in M$ die Relation R symmetrisch ist

R antisymmetrisch, wenn *für alle* $x, y \in M$ aus $x R y$ und $y R x$ folgt: $x = y$

R linear, wenn für alle $x, y \in M$ gilt, daß mindestens eine der Beziehungen besteht: $x R y$, $y R x$, $x = y$

Beispiele:

irreflexiv:	M = Menge aller Schüler einer Schule;	R bedeutet: x geht in eine höhere Klasse als y
asymmetrisch:	M = Menge aller Europäer;	R bedeutet: x ist der Ehemann von y
antisymmetrisch:	M = Menge aller Erdorte;	R bedeutet: x liegt nicht nördlicher als y
linear:	M = Menge aller Bewohner eines Hauses (nur ein Bewohner in jedem Stockwerk);	R bedeutet: x wohnt höher als y

Äquivalenz- und Ordnungsrelationen

Äquivalenzrelation Eine Relation heißt Äquivalenzrelation, wenn sie *reflexiv*, *symmetrisch* und *transitiv* ist.

Beispiele: M = Menge der Menschen; R bedeutet: x hat dieselben Eltern wie y

M = Menge aller Schüler; R bedeutet: x geht in dieselbe Klasse wie y

$M = \mathbb{N}$; R bedeutet: x hat dieselbe Quersumme wie y

Ordnungsrelationen

Irreflexiv — Eine Relation heißt irreflexive Ordnungsrelation, wenn sie *linear*, *transitiv* und *irreflexiv* ist. (Eine irreflexive Ordnungsrelation ist stets *asymmetrisch*)

Reflexiv — Eine Relation heißt reflexive Ordnungsrelation, wenn sie *linear*, *transitiv*, *reflexiv* und *antisymmetrisch* ist.

Beispiele: Irreflexiv $M = \mathbb{N}$; R bedeutet: $x > y$

Reflexiv $M = \mathbb{N}$; R bedeutet: $x \geqq y$

Funktion (Abbildung) als spezielle Relation

Definitionen, Schreib- und Sprechweisen (siehe auch S. 23, 24)

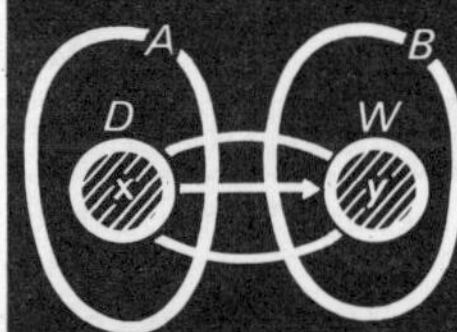

f — Eine Relation zwischen den Mengen A und B (Relation aus A in B) heißt genau dann eine **Funktion** oder eine **Abbildung aus A in B,** wenn sie (rechts) eindeutig ist.
$f = \{(x, y) \mid x \in A \wedge y \in B\} \subset A \times B$,
wobei stets gilt: $(x, y), (x, z) \in f \Rightarrow y = z$

f (Operator) — Funktion, auch Abbildung, Zuordnung, Transformation genannt.

$x \mapsto y$ — Dem Urbild $x \in D$ wird das Bild $y \in W$ zugeordnet.

$f(x)$ — Funktionswert an der Stelle x (Bild zu $x \in D$).

$f\colon x \mapsto y$, $f\colon x \mapsto f(x)$ — Funktion f, die *jedem* Urbild $x \in D$ eindeutig das Bild $y \in W$ bzw. $f(x) \in W$ zuordnet.

$f\colon D \mapsto W$ — Funktion f, sie ist Abbildung *von D auf W*; $W = f(D)$.

$f\colon D \mapsto W$

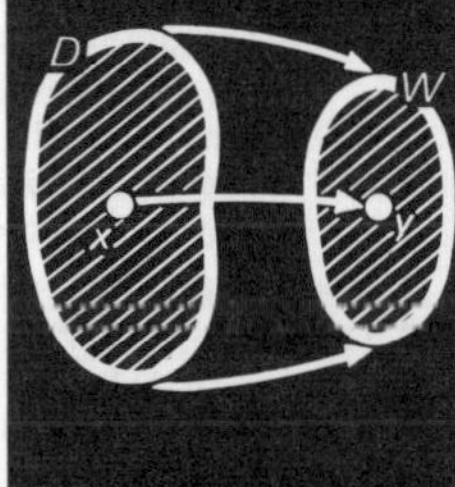

$f = g$ — Funktionen sind gleich, wenn sie in Definitionsbereich, Zuordnungsvorschrift und Wertebereich übereinstimmen.

Umkehrfunktion Ist die zur Funktion f inverse Relation $\bar{f}$ wieder eine Funktion, so heißt $\bar{f}$ Umkehrfunktion von f. Statt $\bar{f}$ wird auch f^{-1} geschrieben. Stets ist $f \circ \bar{f} = \bar{f} \circ f =$ Identität.

$\bar{f}\colon W \mapsto D$

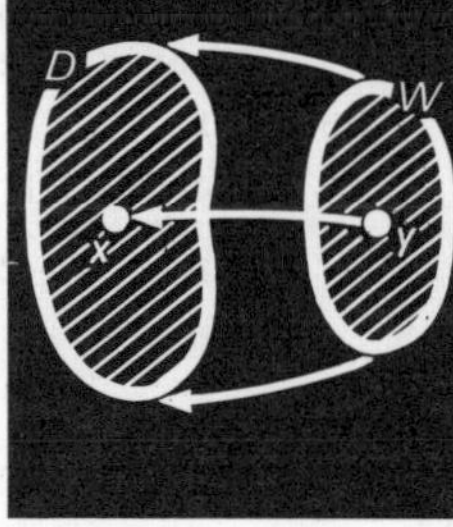

Sonderfälle einer Abbildung f aus A in B

injektiv
f injektiv $\Leftrightarrow$ $x_1 \neq x_2 \Rightarrow f(x_1) \neq f(x_2)$ (1. Fassung)
f injektiv $\Leftrightarrow$ $f(x_1) = f(x_2) \Rightarrow x_1 = x_2$ (2. Fassung)

surjektiv f surjektiv $\Leftrightarrow$ $f(A) = B$

bijektiv f bijektiv $\Leftrightarrow$ f injektiv *und* f surjektiv

Satz
f ist $\begin{cases}\text{injektiv}\\ \text{surjektiv,}\\ \text{bijektiv}\end{cases}$ wenn jedes $y \in B$ $\begin{cases}\text{höchstens}\\ \text{mindestens}\\ \text{genau}\end{cases}$
einem $x \in A$ zugeordnet ist.

Algebraische Strukturen

Grundbegriffe

Algebraische Verknüpfungen

sind Abbildungen von $A \times B$ in M, bei denen allen geordneten Paaren $(a,b) \in A \times B$ ein Bild $(a \circ b) \in M$ zugeordnet ist (A, B, M nichtleer).

Innere Verknüpfung: $\circ\colon M \times M \mapsto M$ (Sonderfall $A = B = M$)

Äußere Verknüpfung *1. Art* $\circ\colon A \times M \mapsto M$ (Sonderfall $B = M$, $A \neq M$)

Äußere Verknüpfung *2. Art* $\circ.\ A \times A \mapsto M$ (Sonderfall $A = B \neq M$)

Beispiele:

Innere Verknüpfungen: Produkt (Summe) zweier natürlicher Zahlen, $M = \mathbb{N}$; Vektorprodukt zweier Vektoren des Raums; Verknüpfungen in Gruppen, Ringen, Körpern.

Äußere Verknüpfung 1. Art: Multiplikation von Vektoren mit einer Zahl (S-Mult.) ($A = \mathbb{R}$, M = Menge der Vektoren; Zentr. Streckg.!); „Multiplikation" der Elemente eines Körpers K mit den Elementen eines Vektorraums V ($A = K$, $M = V$)

Äußere Verknüpfung 2. Art: Skalarprodukt zweier Vektoren des Raums

Algebraische Strukturen (Verknüpfungsgebilde)

sind nichtleere Mengen mit mindestens einer algebraischen Verknüpfung:
$\circ\colon (a,b) \mapsto a \circ b \in M$ ($a \in A$, $b \in B$; $A, B, M \neq \{\ \}$; $\circ$ ist das Verknüpfungszeichen; M heißt Trägermenge)
$(M, \circ)$; $(M, \circ_1, \circ_2)$ Kurzschreibweise für diese Strukturen.

$a \circ b$

$A \times B \mapsto M$

$(M, \circ_1, \circ_2)$

Gruppe $(G, \circ)$

Eine Menge G bildet bezüglich einer Verknüpfung $\circ$ eine **Gruppe,** wenn die folgenden vier Axiome erfüllt sind:

($E_\circ$) Abgeschlossenheit von G bezüglich $\circ$
($\circ$ ist eine innere Verknüpfung)
Zwei beliebigen Elementen $a, b \in G$ (in dieser Reihenfolge) ist genau ein Element $c \in G$ zugeordnet: $\boldsymbol{a \circ b = c}$

($A_\circ$) Assoziatives Gesetz
Für beliebige Elemente $a, b, c \in G$ gilt: $\boldsymbol{(a \circ b) \circ c = a \circ (b \circ c)}$

($N_\circ$) Neutrales Element
Es gibt in G ein neutrales Element e, so daß für alle $a \in G$ gilt: $\boldsymbol{a \circ e = e \circ a = a}$

($I_\circ$) Inverses Element
Zu jedem Element $a \in G$ gibt es ein inverses Element $a^\star \in G$, so daß gilt: $\boldsymbol{a \circ a^\star = a^\star \circ a = e}$

Zweite (äquivalente) Definition:

Die Axiome ($N_\circ$), ($I_\circ$) können ersetzt werden durch:
Für beliebige $a, b \in G$ existieren $x \in G$ und $y \in G$, so daß gilt: $\boldsymbol{a \circ x = b,\ y \circ a = b}$

($K_\circ$) Gilt für eine Gruppe $(M, \circ)$ das **Kommutativgesetz** $\boldsymbol{a \circ b = b \circ a}$, so heißt $(G, \circ)$ eine **kommutative** (ABELsche) **Gruppe.**

$(G, \circ)$

$a \oplus b$

$a \ominus b$

Halbgruppe

Ein Verknüpfungsgebilde $(G, \circ)$ heißt *Halbgruppe*, wenn in ihm das assoziative Gesetz ($A_\circ$) gilt.

isomorph

Zwei Gruppen $(G_1, \circ_1, (G_2, \circ_2)$, heißen isomorph, wenn eine umkehrbar eindeutige Abbildung $f\colon\ a_1 \in G_1,\ a_1 \mapsto f(a_1) = a_2 \in G_2$ besteht, so daß für alle Elemente $a_1, b_1 \in G_1$ gilt: $f(a_1 \circ_1 b_1) = f(a_1) \circ_2 f(b_1) = a_2 \circ_2 b_2$

Beispiel: $G_1 = \mathbb{R}^+$, $\circ_1$ ist die gewöhnliche Multiplikation $\cdot$
$G_2 = \mathbb{R}$, $\circ_2$ ist die gewöhnliche Addition $+$
$f\colon x \in G_1,\ x \mapsto \log x \in G_2,\ \log(a \cdot b) = \log a + \log b$ $(a, b \in G_1)$

isomorph

Ring $(R, \oplus, \odot)$

Eine Menge R bildet bezüglich zweier in R definierter Verknüpfungen „Addition" $\oplus$ und „Multiplikation" $\odot$ einen **Ring,** wenn die folgenden acht Axiome gelten (Kurzschreibweise, vergleiche die Gruppenaxiome!):

$(E_{\oplus})$	$s = a \oplus b$	(s „Summe")	$(E_{\odot})$	$p = a \odot b$ (p „Produkt")
$(A_{\oplus})$	$(a \oplus b) \oplus c = a \oplus (b \oplus c)$		$(A_{\odot})$	$(a \odot b) \odot c = a \odot (b \odot c)$
$(K_{\oplus})$	$a \oplus b = b \oplus a$			—
$(N_{\oplus})$	$0 \oplus a = a$	(0 neutr. El.) bezüglich $\oplus$)		—
$(I_{\oplus})$	$a^{\star} \oplus a = 0$	($a^{\star}$ invers. El. zu a bzgl. $\oplus$)		—

$(D_{\odot})$ $a \odot (b \oplus c) = a \odot b \oplus a \odot c$ und $(b \oplus c) \odot a = b \odot a \oplus c \odot a$

Äquivalente Definition:

$(R, \oplus, \odot)$ ist ein *Ring,* wenn $(R, \oplus)$ eine Gruppe ist, wenn $\odot$ eine Verknüpfung in R ist, für die das Assoziativgesetz gilt und wenn beide Distributivgesetze $(D_{\odot})$ gelten.

Anmerkung: Da jeder Ring $(R, \oplus, \odot)$ eine kommutative Gruppe $(R, \oplus)$ enthält, gibt es genau ein $x \in R$, so daß für alle $a, b \in R$ gilt:
$a \oplus x = b,\ x \oplus a = b;$
man schreibt $x = b \ominus a$ (Existenz der „Subtraktion").

Nullteiler Wenn $a \odot b = 0 \wedge a \neq 0 \wedge b \neq 0$, so heißen a und b Nullteiler.

Beispiele:

1. Die *ganzen Zahlen* bilden bezüglich der gewöhnlichen Addition und der gewöhnlichen Multiplikation einen kommutativen Ring.
2. *Restklassenring modulo 4*
(Reste bei der Division natürlicher Zahlen durch 4)
$R = \{\overline{0}, \overline{1}, \overline{2}, \overline{3}\}$; $\oplus, \odot$ sind durch *Verknüpfungstafeln* definiert:

$\overline{0} = \{x \mid x = 4n \wedge n \in \mathbb{N}\}$
$\overline{1} = \{x \mid x = 4n + 1 \wedge n \in \mathbb{N}\}$
$\overline{2} = \{x \mid x = 4n + 2 \wedge n \in \mathbb{N}\}$
$\overline{3} = \{x \mid x = 4n + 3 \wedge n \in \mathbb{N}\}$

$\oplus$	$\overline{0}$	$\overline{1}$	$\overline{2}$	$\overline{3}$
$\overline{0}$	$\overline{0}$	$\overline{1}$	$\overline{2}$	$\overline{3}$
$\overline{1}$	$\overline{1}$	$\overline{2}$	$\overline{3}$	$\overline{0}$
$\overline{2}$	$\overline{2}$	$\overline{3}$	$\overline{0}$	$\overline{1}$
$\overline{3}$	$\overline{3}$	$\overline{0}$	$\overline{1}$	$\overline{2}$

$\odot$	$\overline{0}$	$\overline{1}$	$\overline{2}$	$\overline{3}$
$\overline{0}$	$\overline{0}$	$\overline{0}$	$\overline{0}$	$\overline{0}$
$\overline{1}$	$\overline{0}$	$\overline{1}$	$\overline{2}$	$\overline{3}$
$\overline{2}$	$\overline{0}$	$\overline{2}$	$\overline{0}$	$\overline{2}$
$\overline{3}$	$\overline{0}$	$\overline{3}$	$\overline{2}$	$\overline{1}$

$\overline{2}$ ist Nullteiler

Kommutativer Ring:

Ein Ring heißt kommutativer Ring, wenn außerdem gilt: $(K_{\odot})$ $a \odot b = b \odot a$

$(R, \oplus, \odot)$

$a \oplus b$
$a \odot b$
$a \ominus b$

Körper $(K, \oplus, \odot)$

Ein Ring ist ein **Körper (kommutativer Körper)** wenn außer den Axiomen für einen Ring (kommutativen Ring) noch die beiden Axiome gelten:

$(N_{\odot})$ $1 \odot a = a$ (1 neutr. El. bezüglich $\odot$)

$(I_{\odot})$ $a^{-1} \odot a = 1$ $(a \neq 0)$ (a^{-1} invers. El. zu a bzgl. $\odot$)

Sätze:

1. Für beliebige Elemente a, b eines kommutativen Körpers K gibt es genau ein $x \in K$, so daß gilt: $a \odot x = b$ $(a \neq 0)$;
man schreibt $x = b \oslash a$ $(a \neq 0)$ (Existenz der „Division")
2. Jeder Körper enthält eine „multiplikative" Gruppe $(K \setminus \{0\}, \odot)$
3. In einem Körper sind die vier „Rechenarten" $\oplus, \ominus, \odot, \oslash$ mit Ausnahme der „Division" durch 0 unbeschränkt ausführbar.

Beispiel: Die rationalen Zahlen bilden bezüglich der gewöhnlichen Addition und der gewöhnlichen Multiplikation einen kommutativen Körper.
(Die ganzen Zahlen bilden keinen Körper, da die zu einer Zahl $x \in \mathbb{Z}$ $(x \neq 1)$ reziproke Zahl x^{-1} keine ganze Zahl ist und deshalb nicht jedes Element ein inverses besitzt.)

$(K, \oplus, \odot)$

$a \oplus b$
$a \odot b$
$a \ominus b$
$a \oslash b$

Verband $(M, \sqcup, \sqcap)$

$(M, \sqcup, \sqcap)$

Ein **Verband** ist eine nichtleere Menge M, auf der zwei (zweistellige) Verknüpfungen $\sqcup$ (lies: Vereinigung) und $\sqcap$ (lies: Schnitt) definiert sind und wenn für sie die **Verbandsaxiome** $(K_\sqcup)$, $(A_\sqcup)$, $(V_\sqcup)$, $(K_\sqcap)$, $(A_\sqcap)$, $(V_\sqcap)$ gelten:

Ein Verband ist ein **distributiver Verband,** wenn außer den Verbandsaxiomen auch noch die Distributivgesetze $(\mathbf{D_\sqcup})$ und $(\mathbf{D_\sqcap})$ gelten.

Ein Verband ist ein **komplementärer Verband,** wenn die Verbandsaxiome erfüllt sind und wenn zu jedem $a \in M$ (mindestens) ein komplementäres Element $\bar{a} \in M$ existiert, für das die Complementgesetze $(\mathbf{C_\sqcup})$ und $(\mathbf{C_\sqcap})$ gelten.

Kommutativgesetze	$(\mathbf{K_\sqcup})$ $a \sqcup b = b \sqcup a$	$(\mathbf{K_\sqcap})$ $a \sqcap b = b \sqcap a$
Assoziativgesetze	$(\mathbf{A_\sqcup})$ $(a \sqcup b) \sqcup c = a \sqcup (b \sqcup c)$	$(\mathbf{A_\sqcap})$ $(a \sqcap b) \sqcap c = a \sqcap (b \sqcap c)$
Verschmelzungs-G.	$(\mathbf{V_\sqcup})$ $a \sqcup (a \sqcap b) = a$	$(\mathbf{V_\sqcap})$ $a \sqcap (a \sqcup b) = a$
Distributivgesetze	$(\mathbf{D_\sqcup})$ $a \sqcup (b \sqcap c) = (a \sqcup b) \sqcap (a \sqcup c)$	$(\mathbf{D_\sqcap})$ $a \sqcap (b \sqcup c) = (a \sqcap b) \sqcup (a \sqcap c)$
Complementgesetze	$(\mathbf{C_\sqcup})$ $(a \sqcup \bar{a}) \sqcap b = b$	$(\mathbf{C_\sqcap})$ $(a \sqcap \bar{a}) \sqcup b = b$

BOOLEscher Verband $(B, \sqcup, \sqcap, \bar{\ })$

$(B, \sqcup, \sqcap, \bar{\ })$

Ein **BOOLEscher Verband** (Eine BOOLEsche Algebra) ist ein Verband, der *sowohl distributiv als auch komplementär* ist. Für alle $a \in B$ gilt:

Es gibt in B ein Nullelement n mit $(\mathbf{N_\sqcup})$ $a \sqcup n = a$ (n ist neutrales Element bzgl. $\sqcup$)	Es gibt in B ein Einselement e mit $(\mathbf{N_\sqcap})$ $a \sqcap e = a$ (e ist neutrales Element bzgl. $\sqcap$)

Zu jedem $a \in B$ gibt es ein komplementäres Element $\bar{a} \in B$, für das gilt:

$(\mathbf{C^*_\sqcup})$ $a \sqcup \bar{a} = e$ | $(\mathbf{C^*_\sqcap})$ $a \sqcap \bar{a} = n$

Satz: Jede endliche BOOLEsche Algebra hat 2^k Elemente mit $k \in \mathbb{N}$.

Lineare Algebra

Vektorraum $(V, \oplus)$ über $(S, +, \cdot)$

$(V, \oplus)$

Eine Menge V heißt **linearer Vektorraum** über dem Körper $(S, +, \cdot)$, wenn für alle $\mathfrak{a}, \mathfrak{b} \in V$ und alle $\lambda, \mu \in S$ zwei Verknüpfungen definiert sind

$\mathfrak{a} \oplus \mathfrak{b}$

$\lambda \odot \mathfrak{a}$

1. **Vektoraddition** $\oplus$: $(\mathfrak{a}, \mathfrak{b}) \mapsto (\mathfrak{a} \oplus \mathfrak{b}) \in V$ $(V \times V \mapsto V)$, wobei $(V, \oplus)$ eine kommutative Gruppe ist.
2. **S-Multiplikation** $\odot$: $(\lambda, \mathfrak{a}) \mapsto (\lambda \odot \mathfrak{a}) \in V$ $(S \times V \mapsto V)$, für die gilt:

Assoziativgesetz	$\lambda \odot (\mu \odot \mathfrak{a}) = (\lambda \cdot \mu) \odot \mathfrak{a}$
Distributivgesetz I	$(\lambda + \mu) \odot \mathfrak{a} = (\lambda \odot \mathfrak{a}) \oplus (\mu \odot \mathfrak{a})$
Distributivgesetz II	$\lambda \odot (\mathfrak{a} \oplus \mathfrak{b}) = (\lambda \odot \mathfrak{a}) \oplus (\lambda \odot \mathfrak{b})$
S-Mult. des neutral. Elements $1 \in S$	$1 \odot \mathfrak{a} = \mathfrak{a}$

Reeller Vektorraum

$(\mathbb{R}, +, \cdot)$

heißt ein Vektorraum, wenn $(S, +, \cdot)$ der Körper $(\mathbb{R}, +, \cdot)$ der reellen Zahlen ist.

Beispiel: Vektoren im Anschauungsraum über dem Körper $(\mathbb{R}, +, \cdot)$

Untervektorraum

$U \subset V$

Eine Teilmenge U eines Vektorraums V (über S) heißt *Untervektorraum* (auch *linearer Teilraum* genannt) von V, wenn U ein Vektorraum (über S) ist.

Kriterium für Untervektorraum

Eine nichtleere Teilmenge U eines Vektorraums (über S) ist *genau dann* ein Untervektorraum von V, wenn gilt:

$$\left.\begin{array}{l} \mathfrak{a} \in U \wedge \mathfrak{b} \in U \Rightarrow (\mathfrak{a} \oplus \mathfrak{b}) \in U \\ (\mathfrak{a} \in U \wedge \lambda \in S) \Rightarrow \lambda \odot \mathfrak{a} \in U \end{array}\right\} \Leftrightarrow \left\{\begin{array}{l} \mathfrak{a} \in U \wedge \mathfrak{b} \in U \wedge \lambda, \mu, \in S \Rightarrow \\ \qquad \Rightarrow (\lambda \odot \mathfrak{a} \oplus \mu \odot \mathfrak{b}) \in U \end{array}\right.$$

Definitionen und Sätze für Vektorräume

Linearkombination der Vektoren $\mathfrak{v}_1, \mathfrak{v}_2, \ldots, \mathfrak{v}_n \in V$

$$\mathfrak{x} = \alpha_1 \mathfrak{v}_1 + \alpha_2 \mathfrak{v}_2 + \cdots + \alpha_n \mathfrak{v}_n \qquad (\alpha_i \in S,\ i \in \mathbb{N})$$

Lineare Hülle $[\mathfrak{v}_1, \mathfrak{v}_2, \ldots, \mathfrak{v}_n]$

der Vektoren $\mathfrak{v}_1, \mathfrak{v}_2, \ldots, \mathfrak{v}_n$ ist die Menge aller Linearkombinationen dieser Vektoren.

$[\mathfrak{v}_1, \mathfrak{v}_2, \ldots, \mathfrak{v}_n]$

Linear abhängige Vektoren $\mathfrak{v}_1, \mathfrak{v}_2, \ldots, \mathfrak{v}_n \in V$ über S

Die Vektoren $\mathfrak{v}_1, \mathfrak{v}_2, \ldots, \mathfrak{v}_n$ heißen *linear abhängig*, wenn sich der Nullvektor $\mathfrak{o}$ als Linearkombination dieser Vektoren darstellen läßt.

$$\alpha_1 \mathfrak{v}_1 + \alpha_2 \mathfrak{v}_2 + \ldots + \alpha_n \mathfrak{v}_n = \mathfrak{o} \qquad (\alpha_i \in S, \text{ nicht alle } \alpha_i \text{ null})$$

Gibt es keine solche Darstellung, so heißen die Vektoren **linear unabhängig.**

$$\sum_{i=1}^{n} \alpha_i \mathfrak{v}_i = \mathfrak{o}$$

Dimension $\dim V = n$

Ein Vektorraum V hat die *endliche Dimension n* (ist n-dimensional), wenn es n linear unabhängige Vektoren gibt, die jeden beliebigen Vektor $\mathfrak{w} \in V$ als Linearkombination aufspannen.

$$\mathfrak{w} = \alpha_1 \mathfrak{v}_1 + \alpha_2 \mathfrak{v}_2 + \cdots + \alpha_n \mathfrak{v}_n$$

Schreibweise: $V = [\mathfrak{v}_1, \mathfrak{v}_2, \ldots, \mathfrak{v}_n]$

Die Menge $\{\mathfrak{v}_1, \mathfrak{v}_2, \ldots, \mathfrak{v}_n\}$ heißt eine **Basis** von V.

Ist V nicht von endlicher Dimension, so heißt V **unendlichdimensional.**

dim V

$\{\mathfrak{v}_1, \mathfrak{v}_2, \ldots, \mathfrak{v}_n\}$

Satz V sei ein endlichdimensionaler Vektorraum mit $\dim V = n$. Dann enthält jede Basis von V genau n Vektoren.

Koordinaten

$\{\mathfrak{v}_1, \mathfrak{v}_2, \ldots, \mathfrak{v}_n\}$ sei eine Basis des Vektorraums V über S. Wegen $V = [\mathfrak{v}_1, \mathfrak{v}_2, \ldots \mathfrak{v}_n]$ läßt sich ein beliebiger Vektor $\mathfrak{w} \in V$ als Linearkombination von $\mathfrak{v}_1, \mathfrak{v}_2, \ldots, \mathfrak{v}_n$ darstellen. Die in $\mathfrak{w} = \alpha_1 \mathfrak{v}_1 + \alpha_2 \mathfrak{v}_2 + \ldots + \alpha_n \mathfrak{v}_n$ eindeutig bestimmten $\alpha_i \in S$ heißen die *Koordinaten* von $\mathfrak{w}$ bezüglich dieser Basis.

Das n-Tupel $(\alpha_1, \alpha_2, \ldots, \alpha_n)$ heißt *Koordinatenvektor* von $\mathfrak{w}$ bezüglich dieser Basis.

α_i

Satz Jeder n-dimensionale Vektorraum über $\mathbb{R}$ ist isomorph zum Vektorraum $\mathbb{R}^n$.

$\mathbb{R}^n$

$$\begin{pmatrix} x_1 \\ x_2 \\ \vdots \\ x_n \end{pmatrix} + \begin{pmatrix} y_1 \\ y_2 \\ \vdots \\ y_n \end{pmatrix} = \begin{pmatrix} x_1 + y_1 \\ x_2 + y_2 \\ \vdots \\ x_n + y_n \end{pmatrix}$$

$$\lambda \begin{pmatrix} x_1 \\ x_2 \\ \vdots \\ x_n \end{pmatrix} = \begin{pmatrix} \lambda x_1 \\ \lambda x_2 \\ \vdots \\ \lambda x_n \end{pmatrix}$$

Affiner Punktraum

Affiner Punktraum

Ein *affiner Punktraum A* bezüglich eines Vektorraums V über S ist eine Menge von Punkten $P, Q, R, \ldots$, wenn folgende Axiome erfüllt sind:

1. Zwei beliebigen Punkten $P, Q \in A$ ist ein Vektor $\overrightarrow{PQ}$ zugeordnet.
2. Zu jedem Punkt $P \in A$ und zu jedem Vektor $\mathfrak{w} \in V$ gibt es genau einen Punkt $Q \in A$, so daß $\mathfrak{w} = \overrightarrow{PQ}$ ist.
3. Für alle Punkte $P, Q, R \in A$ gilt $\overrightarrow{PQ} + \overrightarrow{QR} = \overrightarrow{PR}$

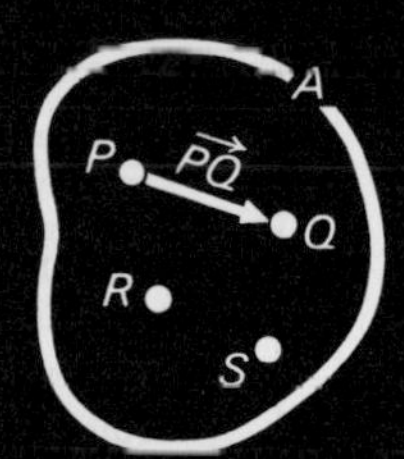

Affiner Unterraum

F sei ein fester Punkt des affinen Raumes A,
U sei ein Unterraum des zugehörigen Vektorraums V.

Ein *affiner Unterraum von A* ist die Punktmenge $B = \{P \mid P \in A \wedge \overrightarrow{FP} \in U\}$.

Sätze für affine Räume

Nullvektor	$\overrightarrow{PP}$ ist der Nullvektor in V
Gegenvektor	Stets ist $\overrightarrow{PQ} = -\overrightarrow{QP}$
Parallelogrammregel	$\overrightarrow{PQ} = \overrightarrow{P'Q'} \Leftrightarrow \overrightarrow{PP'} = \overrightarrow{QQ'}$

$U \subset A$

Gliederung und Inhalt

Ernst Klett Stuttgart 2 17 16 15 14 | 1982 81 80 79 ISBN 3-12-712400-7